"十四五"普通高等教育本科部委级规划教材

创意服装设计

谢雪君　林汉聪　编著

中国纺织出版社有限公司

内 容 提 要

　　本书是"十四五"普通高等教育本科部委级规划教材。本书融合了艺术、历史、社会、哲学等多学科知识，通过开拓创造性思维、创意服装设计的开端、服装结构的创新、服装材质的创新探索、创意服装设计案例五个方面，全面而系统地展示创意服装设计的思维过程。通过创意思维训练，激发学生的原创设计潜能，引导他们构思并实施服装设计的创意方案。本书强调理论与实践的结合，每一章节均包含理论阐述、案例分析及项目实践环节，引入并解析国内外前沿的设计理念与成功案例，从而拓宽学生的知识视野。特别注重跨学科思维及艺术与科技的融合，培养具有前瞻性和创新能力，能够精准把握并引领未来服装设计行业发展趋势的复合型人才。

　　本书既可作为高等院校、职业院校服饰艺术专业教材，也可作为服装设计行业相关人士与广大服饰设计爱好者的参考书使用。

图书在版编目（CIP）数据

创意服装设计 / 谢雪君，林汉聪编著. --北京：中国纺织出版社有限公司，2025.6. --（"十四五"普通高等教育本科部委级规划教材）. -- ISBN 978-7-5229-2775-6

Ⅰ. TS941.2

中国国家版本馆 CIP 数据核字第 2025GF4247 号

责任编辑：宗　静　　特约编辑：余莉花
责任校对：高　涵　　责任印制：王艳丽

中国纺织出版社有限公司出版发行
地址：北京市朝阳区百子湾东里 A407 号楼　邮政编码：100124
销售电话：010—67004422　传真：010—87155801
http://www.c-textilep.com
中国纺织出版社天猫旗舰店
官方微博 http://weibo.com/2119887771
北京通天印刷有限责任公司印刷　各地新华书店经销
2025 年 6 月第 1 版第 1 次印刷
开本：787×1092　1/16　印张：13
字数：232 千字　定价：68.00 元

在快速发展和变化的21世纪，创意设计已成为推动社会进步与产业升级的重要力量。随着全球竞争的加剧和消费者需求的多元化，传统的服装设计与制造模式正经历着深刻的变革。这一变革不仅要求设计师具备扎实的专业技能，更强调其创新思维与跨界融合的能力。在此背景下，人才培养模式与教学方法的改革成为教育领域亟待解决的问题。本书正是在这一大背景下，探索并实践一种全新的服装设计教育理念，以适应新时代对创新人才的需求。

近年来，随着社会对创新型人才需求的日益增长，高等教育积极探索人才培养模式的转变。在服装设计领域，传统"技艺传授＋模仿设计"的教学模式已难以满足当前市场的多元化人才需求。因此，我们急需一种能够激发学生创造力、培养其独立思考与解决问题能力的新型教学模式。同时，随着信息技术的飞速发展，数字化、智能化等新技术在服装设计中的应用日益广泛，这也对教学内容与方法提出了新的挑战。

在此背景下，本书编写团队积极响应国家关于深化教育教学改革的号召，结合国内外服装设计教育的最新研究成果与实践经验，精心策划并编写了这本《创意服装设计》教材。我们希望通过这本教材，能够引领服装设计教育走向一个更加注重创意、实践与跨学科融合的新阶段。

本书的编写思路遵循"理论引导＋实践探索＋案例分析"的原则，旨在构建一个全面、系统且富有启发性的服装设计知识体系。通过第一章"开拓创造性思维"的阐述，引导学生打破传统思维束缚，培养创新思维与解决问题的能力。在第二章"创意服装设计的开端"中，详细讲解了从灵感搜集到主题调研的全过程，为学生提供了切实可行的设计启动策略。第三章"服装结构的创新"与第四章"服装材质的创新探索"则分别从服装的结构与材质两个维度出发，探讨了如何通过创新手段实现服装设计的差异化与个性化。这两章内容不仅涵盖了基本的理论知识，还融入了大量的实践案例与技术方法，帮助学生在实践中掌握创新的真谛。第五章"创意服装设计案例"精选多个具有代表性的设计作品，通过详细剖析其设计理念、创作过程与实现效果，为学生提供了宝贵的参考与启示。这些案例都是来自学生，不仅展示了他们的创意才华，更体现了他们在实践中不断探索与创新的精神。

本书具有以下四个特点：

1. 创新思维的强化。本书将创新思维的培养作为核心内容之一，通过系统的理论与实践训练，帮助学生建立起一套科学、有效的创新思维体系。

2. 跨学科融合的探索。在内容设计上，本书不仅关注服装设计本身，还融入了艺术、科技、文化等多个领域的元素，旨在培养学生的跨学科融合能力。

3. 实践导向的教学模式。本书强调理论与实践的紧密结合，通过大量的实践案例与项目式学习，引导学生在实践中发现问题、解决问题。

4. 案例分析的深度与广度。第五章的案例分析不仅涵盖了不同风格、不同主题的设计作品，还深入剖析了设计师的创作思路与实现过程，为学生提供了丰富的参考与借鉴。

在教学过程中，我们建议采用"启发式＋讨论式＋项目式"的教学方法，充分发挥学生的主观能动性，鼓励他们在实践中不断探索与创新。同时，教师还可以结合实际情况，组织学生进行市场调研、设计竞赛等活动，以进一步提升他们的实践能力和团队协作能力。

本书由谢雪君、林汉聪负责整体框架的设计与内容的编写与审核，另外，谢雪君研究生团队——欧碧蓝、黄晓彤、林雯涵、冯镇涛、贺芷昭协助完成书稿所有章节的资料整理与完善工作。

在本书的编写过程中，我们得到了众多专家学者的悉心指导及宝贵建议，特别是杨翠钰副教授、宗静编辑在书稿的审阅与修订过程中付出了大量心血，在此向他们表示衷心的感谢！

尽管我们在编写过程中力求做到精益求精，但由于时间仓促及水平有限，书中难免存在疏漏与不足之处。我们恳请广大读者批评指正，以便我们在今后的修订中不断完善。

谢雪君、林汉聪

2024 年 11 月

教学内容及课时安排

章 / 课时	课程性质 / 课时	节	课程内容
第一章 （8课时）	理论 （4课时） 实践 （4课时）	•	开拓创造性思维
		一	打开思维
		二	创意的来源
		三	创意思维的方法及训练
		四	利用思维导图
第二章 （8课时）	理论 （4课时） 实践 （4课时）	•	创意服装设计的开端
		一	从灵感到落地
		二	灵感的来源
		三	主题调研
		四	调研分析
第三章 （8课时）	理论 （4课时） 实践 （4课时）	•	服装结构的创新
		一	服装结构基础知识
		二	服装结构与解构
		三	新结构的诞生
第四章 （8课时）	理论 （4课时） 实践 （4课时）	•	服装材质的创新探索
		一	材质的探索
		二	技法的探索
第五章 （16课时）	理论 （4课时） 实践 （12课时）	•	创意服装设计案例
		一	设计主题《失物之书》
		二	设计主题《万物与虚无》
		三	设计主题《童梦如旧》
		四	设计主题《潮汐之寂》
		五	设计主题《丹宁·醒狮》
		六	设计主题《热血·穿行最西北》

注　各院校可根据自身的教学特点和教学计划对课程时数进行调整。

目 录 ◀◀

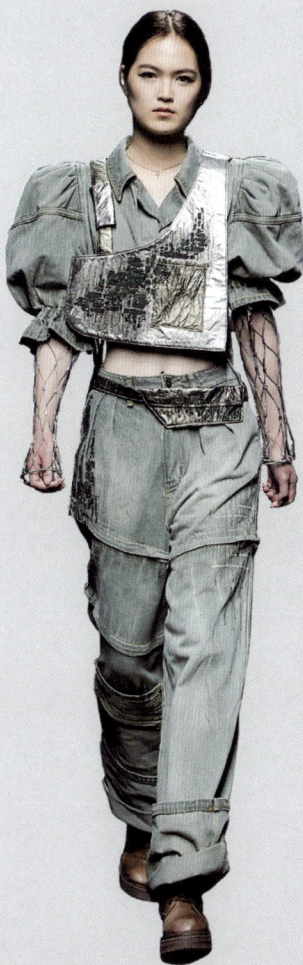

第一章
开拓创造性思维

课题名称： 开拓创造性思维

课题内容： 1.打开思维

2.创意的来源

3.创意思维的方法及训练

4.利用思维导图

课题时间： 8课时

教学目的： 通过本章的学习，使学生了解什么是创意及创意的来源，结合创意思维的方法，帮助学生习得创意思维，并学习如何利用思维导图作为思维记录的工具，帮助学生组织和拓展创意思维，打开思维的边界。

教学要求： 1.理解创造性思维的重要性，并学会如何打破常规思维模式。

2.理解自然、文化、艺术等多个领域如何成为创意的源泉。

3.掌握联想思维、逆向思维等创意思维方法，并能在实践中应用。

4.利用思维导图工具来组织和扩展创意，提高创意的质量和效率。

课前准备： 1.阅读相关章节，了解创新思维的基本概念和技巧。

2.搜集一些创意案例，如成功的设计作品、艺术作品等，以便在课堂上进行分析和讨论。

作为创意的引领者，服装设计师的思维如同探险家的双眼，不仅需要敏锐的洞察力和丰富的专业知识，更要具备一些普通人所不具备的特殊思维能力。这样才能不断挑战传统、打破常规，创造出超出常人想象的设计佳作。思维是设计创造活动的核心和根本，是服装设计行为的内在驱动力。尽管思维是每个人天生具备的基本能力，但仅拥有一般的思维能力并不足以胜任设计工作，需要不断开拓思维，并通过专业的训练来学习、掌握创造性思维的技巧与方法。

第一节 打开思维

对设计者而言，享受原创探索中的乐趣，将自己的奇思妙想进行表达，是一件非常有成就感的事情。当我们要开启一个创造性设计的任务时，常常会遇到各式各样的问题，例如，突然的大脑空白，似乎有一面墙将我们堵住，这时候我们需要拆掉那面"墙"，打开自己的思维。

一、设计思维的特征

思维在心理学的解释是：人脑对客观事物的间接、概括的反映，是人对事物认识过程的高级阶段。对客观事物的"间接反映"，是指人凭借已有的知识、经验或其他媒介，间接地推知事物过去的进程，认识事物现实的本质，预知事物未来的发展。例如，通过观察一个人的书房布置和所收藏的书籍，可以大致推测出他的兴趣爱好、知识背景和学术追求；又如，看到天空乌云密布，便能预知天要下雨了等。对客观事物的"概括反映"则是指从同一类事物中提取共有的本质特征或事物间的规律性联系，并对其进行概括，以便解决所遇到的各种问题。

思维的基本构成形式分为抽象思维和形象思维两类。

抽象思维是指运用概念进行判断和推理的思维形式。概念是对事物本质属性的反映，是在感觉和知觉基础上产生的对事物的概括性认识。这是《中国大百科全书》（心理学卷）对"概念"的注释，这也可以被理解为，将所观察到的事物的共有的本质特征进行抽象和总结，从而形成一个概念。概念的体现往往是通过语言文字中的词汇和数字等方式来实现的。当我们了解这些词汇所代表的具体事物时，就可以深入理解并掌握这些概念的含义。概念可被划分为具象和抽象两大类。例如，山、水、云、服装等是我们可以直接感知到的具体事物，因此它们属于具象概念。而像动、静、思想等无法直接观察到，需要通过思考和理解来把握，因此它们被归类为抽象概念。在我们的日常生活中，抽象思维扮演着至关重要的角色。当我们想到"学习"这个词时，我们的大脑会自动关联到上课、教室、老师、同学等一系列相关概念。进一步地，这些概念还会引发我们对其他相关概念的联想，从而形成连绵不断的思维流。这种基于抽象概念的联想和思考方式，正是我们理解和处理复杂世界的重要手段。

形象思维是指运用形象进行判断和推理的思维形式。形象是形象思维的基础，它通常是由眼睛所观察到的或是大脑里浮现的事物形象（清晰的、模糊的或是稍纵即逝的）引发的，与其他相关的事物形象产生联想，构成思维的意象流。

抽象思维和形象思维是每个人都具备的两种思维形式。科学研究表明，人的左脑和右脑在处理信息时各有分工。左脑被定义为与逻辑推理、分析处理和语言能力相关，表现出结构化、顺序化的信息处理方式；主要负责处理文字、数据等抽象信息，具有理解、分析、判断等抽象思维功能，有理性和逻辑性强的特点，因此被称为"文字脑""理性脑"。右脑则与创造性思维、艺术表达和情感处理相关，擅长处理直觉和非语言的认知模式，主要负责处理声音、图像等具体信息，具有想象、创意、灵感等形象思维功能，有感性和直观的特点，因此被称为"图像脑""感性脑"（图1-1）。

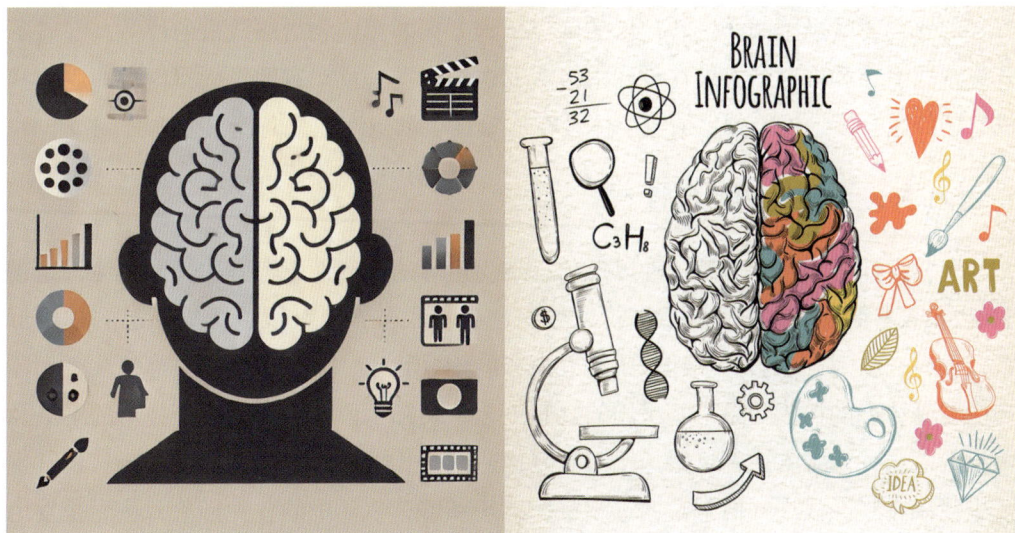

图1-1　左脑和右脑的不同思维功能图解

在日常生活的绝大多数场景中，人们更倾向于依赖左脑的功能。左脑是语言的枢纽，擅长进行逻辑推理，主要负责储存我们从出生后开始累积的各类信息。相比之下，右脑虽然不具备语言功能，却拥有出色的形象思维能力。右脑的信息来源主要有两个途径：一是在我们出生后通过直接的感官体验来摄取信息；二是右脑接收并储存那些经过左脑反复处理与强化的信息。然而，对于大多数普通人而言，左脑的使用频率要远远高于右脑。通常情况下，只有当左脑的活动逐渐平静下来，右脑才有机会展现其独特的创造力与想象力。

右脑通过图像进行思考，即形象思维，侧重于处理随机的、想象的、直觉的及多感官的影像。右脑具有将语言转化为图像的能力，同时能将所看到、听到和想到的事物，以及数字和气味全部转化为图像进行思考和记忆。当右脑分析"苹果"的词汇时，它会自动在右脑的影像库中搜索关于"苹果"的形象，然后将"苹果"这个词与它的外观、口感、气味等感觉以及它所处的状态关联在一起。例如，在分析一句话如"苹果挂在树上，红彤彤的，非常诱人"时，我们的头脑中就会浮现出一个饱满的红彤彤的苹果挂在树枝上的生动图像，仿佛能够闻到那诱人的果香，感受到摘取时的喜悦和满足，甚至会出现曾经与"苹果"有关的一段经历。

在思考过程中，抽象思维和形象思维并非机械分开的，而是相辅相成、相互补充的。这种状态通常以一种形态为核心，另一种形态为补充，但也经常出现两种形态之间的瞬时变化、交替出现或同时发挥作用的情况。为了更深入地挖掘和发挥我们大脑的潜在能力，确保左右大脑的平衡使用是至关重要的。通过适当地培养和激发右脑的功能，我们可以进一步提升自己的思维能力和创造能力。

在设计中，思维的重要性不言而喻。它不仅是设计的核心驱动力，还贯穿于设计过程的始终，从灵感的产生、构思的确定，到方案的实施和最终效果的评估，都离不开思维的引导和推动。思维在设计中扮演着引领者的角色，有助于构建内在的逻辑和概念的传递。设计思维的特征主要体现在形象性、创造性和意向性三个方面。

（一）设计思维的形象性

服装设计思维本质上是一种以形象思维为主导的创造性思考方式。形象性，是指服装设计思维需要借助于形象进行思考。这些形象包括点、线、面等形态的构成形式，面料、款式、色彩、肌理、图案等内容的构成状态，服装部件、服饰整体、人体与服装等体态的构成关系，所采用的缝制工艺、装饰手段、面料再造等技术的手法及效果等。这种思维方式不仅聚焦于与服装构造紧密相关的形象元素，更在于从日常生活中汲取灵感。设计师们常常通过观察、感知和解读生活中的各种形象，从而激发出源源不断的设计创意和构思（图1-2~图1-6）。

如图1-2所示为印度设计师VAISHALIS的春夏作品，利用绳索技术及传统编织工艺将服装的上半部分设计模仿成植物的花盘结构，使用放射状的纹理来表现自然界中的花卉形态。

如图1-3所示，Acne Studios2023秋冬的这一系列作品深受自然的启发，通过未来主义的视角重新塑造了森林景观，表现出既原始粗犷又充满魔幻色彩的森林地形。这一设计在展示自然象征和神秘主义的同时，探索了自然与现代时尚之间的对话。

图1-2 来源于生活中的植物形象的设计灵感1

图1-3 来源于生活中的植物形象的设计灵感2

如图1-4所示为Oscar de La Renta 2025早春系列，由创意总监Laura Kim和Fernando Garcia设计呈现，灵感来源于Fernando Garcia自己的水彩兰花画作。该系列作品以各种自然、有机的色调，印花流苏、扇形珠片刺绣装点裙装，呈现繁花似锦的生机之美。

图1-4　来源于生活中的植物形象的设计灵感3

如图1-5所示为Antonio Marras Resort 2025早春系列，设计师Marras从意大利利古里亚迷人的汉伯里植物园汲取灵感，赞美大自然与人类的和谐与混乱之美。

图1-5　来源于生活中的植物形象的设计灵感4

如图1-6所示，Jason Wu的2024秋冬系列以"夜曲"为主题，将视角转向了夜间世界的奥秘，与他之前系列中流行的充满活力和花卉的日间主题不同。以艺术家野口勇设计的下沉式花园为背景，突出展示了无花果、树叶和花朵图案以及虫蛀般的纹理。

图1-6　来源于生活中的植物形象的设计灵感5

有的服装设计师在设计时会采用一边构思、一边勾画草图的思维方式，这种方法的优势在于它既灵活又简单，能够在浏览书籍资料的同时，及时捕捉并记录下自己的所思所想；也有一些设计师喜欢采用一边构思、一边在人台上披挂面料的思维方式，这种方法的优势在于直观和准确，是可以通过真实的面料感觉和立体的衣着状态，直观地感受到服装形象的变化效果。这两种设计构思方式被全世界的设计师所接受并被普遍运用（图1-7、图1-8）。这样的设计构思方式之所以行之有效，是因为形象思维中的形象在大脑中的呈现状态是不稳定的，具有飘忽不定、稍纵即逝的特性。因此，设计师需要通过相关形象的不断刺激和诱发引导，才能促使自己的形象思维保持稳定性和连续性。

如图1-7所示，法国时装品牌Schiaparelli的设计师在创作过程中，通过边构思边设计，逐步将想法转化为实物。这种设计方法体现了从草图到成品的流畅过渡，使每件作品都能忠实地呈现设计师的初衷。

如图1-8所示，通过立裁设计直接在三维空间中进行创作，展现面料在穿着时的实际效果。设计师能够调整细节，并迅速发现问题，确保每一个裁片的形状和位置都能够达到理想的效果。

虽然设计思维有其独特的运作方式，但设计师们终究也是普通人，在工作时同样需要一个相对安静的环境和心境。此外，适当的压力——无论是外部给予的还是自我施加的，都有助于我们更加集中精神。在这样的状态下，脑海中的服装形象才能更加清晰和稳定，进而能够进行更为深入和细致的思考。值得注意的是，这种服装形象在脑海中的稳定并非意味着它们会永久驻留，而是指这些构想中的服装形象能够经常性地浮现在设计师的脑海中。如果设计师的脑海中总是空洞无物，或者即使出现了某些服装形象也很快就消失无踪，那么这就表明我们可能还没有真正地进入设计思维的状态。对于设计师而言，创造一个有利于思考的环境、调整好自己的心态并合理应对压力，都是至关重要的。

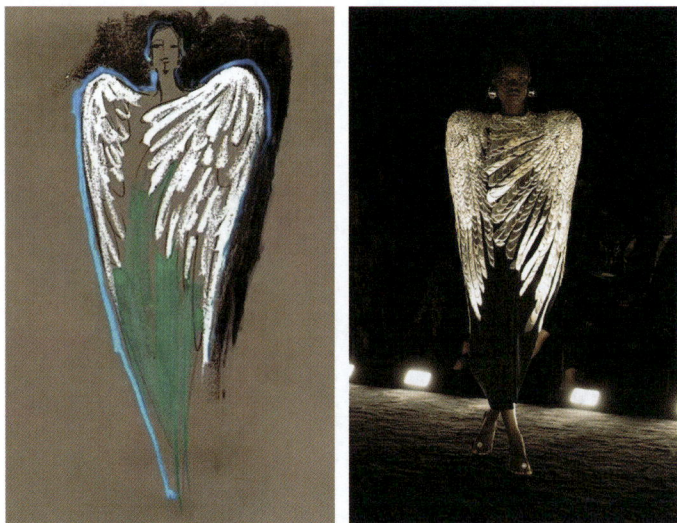

图1-7　通过勾画草图设计构思服装样式

图1-8　通过人台披挂方式构思服装样式

（二）设计思维的创造性

服装设计的核心在于创新，创造是服装设计的本质，若设计师脑海中所呈现的服装形象仅仅是现实生活中已有服饰的翻版，那么这种思维结果便背离了设计思维的初衷和意义。设计思维的创造性，是指服装设计思维必须具有创造的特质。在设计构思过程中，设计师大脑中出现的形象要时刻伴随着具有创造性的思考，要按照设计师自己的主观意愿对形象进行变形、转化、分解、重组、衍生等方面的改变，进行各种可能性的尝试，构想各种变化后的结果，直到找到自己所满意的效果。这样的创造努力和思考，常常要伴随设计构思的始终和涉及形象的方方面面，如形态、状态、构成方式、表现形式、技术手段等方面的变化构想。

　　如图1-9所示，各大秀场的设计师们对时装有着独特的诠释，他们通过多样化的手法展现出无尽的创新与可能性。每位设计师都将个人的创意融入服装设计中，从面料的选择到结构的运用，再到色彩的搭配，每一个细节都代表了他们对时尚的理解。

图1-9　服装设计的各种可能性的变化构想和创造尝试

服装设计的创造活动与其他艺术形式的创造活动又存在本质区别，这个"本质区别"主要有三个方面：首先，服装设计的创造离不开服装的功能。自服装诞生起，它就承载着保护人们免受寒冷风雨侵袭的基本功能，如果衣物失去了这样的基本功能，那么它也就无法被称作"服装"。即使是那些专为T台展示而设计的服装作品，在追求独特设计和审美价值的同时，也必须确保其功能的存在，只是这些功能可能相对较为次要或隐晦，但仍然不能忽视。其次，服装设计离不开人体这个衣着主体。服装的存在是为了满足人们的穿着需求，如果其构造和形态不能适应人体的穿着，只能作为装饰品挂在墙上或放置在地上，那么它就失去了作为服装的真正意义。因此，人永远是服装的穿着主体，服装在设计创造过程中，不能忽视服装与人体之间相互依存的关系（图1-10）。最后，服装设计的实现离不开服装制作技术。服装设计是造物的过程，服装不是"画"出来的，而是用材料"做"出来的。正如建筑设计图纸无法替代真实的建筑物一样，服装画也仅仅是服装的初步构想，而非真实的服装本身。真正意义上的服装既离不开制作它的材料，也离不开把材料变成服装的制作技术。

因此，无论服装设计随着时代如何演变与发展，它始终受到功能需求、人体穿着的适应性及制作技术的制约。这些限制既是挑战，也是设计师们发挥创意与智慧的舞台。

无论是平面设计还是立裁设计，服装的创作都离不开人台的支持。人台不仅是设计师在构思和制作过程中必不可少的工具，更是高级定制服装的基础。在高级定制中，每件服装都需根据客户的身体数据进行精确测量，确保最终作品能够完美贴合个人的身形（图1-10）。

图1-10　服装设计创造离不开人体这个衣着主体

（三）设计思维的意向性

服装设计思维具有意向性，这种意向性不仅体现在设计思维的整个过程中，更深入地影响着设计的每一个细节。设计师在开始构思时，心中便已有了一个明确的形象或概念，这便是他们的设计意图。这个意图如同指南针，指引着设计思维的走向，确保整个设计过程始终沿着预定的方向前进。随着设计的深入，设计师可能会遇到各种意料之外的挑战和变化。这时，意向性的作用就显得尤为重要。它促使设计师根据实际情况，不断地对设计进行调整和优化。同时，设计师需要时刻关注设计的整体效果，确保每一个细节都能够与整体风格相协调，不偏离预定的轨道。这种把控不仅体现在对材料的选择、对色彩的搭配等显性元素上，更体现在对设计理念、文化内涵等隐性元素的把握上。如图1-11所示，早期joe公司推出手指沙发。通过大胆的规模转变joe公司将"手"变成了一个温馨的休息场所，将从艺术世界借来的超现实主义事物融入家庭环境中。

图1-11　"手"的形象和抓握状态被运用到设计构想当中

　　了解设计思维的特点，有助于我们在服装设计当中能快速进入设计思维的状态。但进入状态，并不等于一下子就能找到设计构想的结果。凡事都有一个循序渐进的发展过程，人的思维发展也一样，越急于求成，越会觉得茫然无措。当遭遇思维阻塞，感觉无从下手时，千万不要丧失信心。因为只要你真正投入思考，大脑就绝不会是一片空白，在更多的时候，我们可能会想到很多主意，但感觉它们都不尽如人意。这时，最佳的应对方式是将脑海中的每一个想法都记录下来，在记录的过程中，不要急于否定它们的价值，也不需要追求每个想法是否完整和成熟。相反，我们应该追求数量的丰富和差异性的多样呈现，记录的想法越多，越有助于思维的深入发展，也就越有可能接近我们心中的理想目标。每一个看似微小的想法和步骤，都可能是通往成功之路的关键所在，我们不能忽视它们的价值和作用。因此，在遇到思路打不开的时候，应该勇于尝试跳出围在我们大脑里面的"墙"，不断记录自己的想法，相信在不断的积累中，我们一定能够找到属于自己独有的创新设计的思维。如图1-12所示，将"手"的形象与动态巧妙地融入服装设计中，利用手的姿态与动作创造出独特的视觉效果。这些设计不仅捕捉了手的动态美感，还通过服装的形式展现出手在空间中的表达力和象征意义。

图1-12 "手"的形象和动态被进一步延伸、发展与利用

二、打开思维的小游戏

如果你觉得跳出大脑里面的"墙"很难，无法逃开那些根深蒂固的固定思维，那就一定要尝试多给我们的大脑"按摩"，日常可以通过一些有趣的小游戏帮助我们激发大脑的活力，以轻松愉悦的方式训练大脑的灵活度，养成创意思考的习惯。

以一个趣味小游戏为例（图1-13）：使用正方形纸板或者画图表示，如何将正方形纸板剪开，组成和正方形面积相等的L形（最多可以剪两刀）？参与游戏的人持有不同观点，有的人会将正方形剪成两个长方形，而有的人从大正方形中剪下一个小正方形，还会有人选择沿对角线切分。

这个游戏我们一般习惯用水平线、竖直线或直角线来分割图形，不太容易发现沿对角线分割的方法。"最多剪两刀"的要求相当于引入了一个限制条件。规定限制条件不是为了约束思路，而是为了鼓励大家不满足于简单的解决方案，打开不同的思维去挖掘其他复杂的方法。

这类小游戏如同思维的"催化剂"，虽然看似简

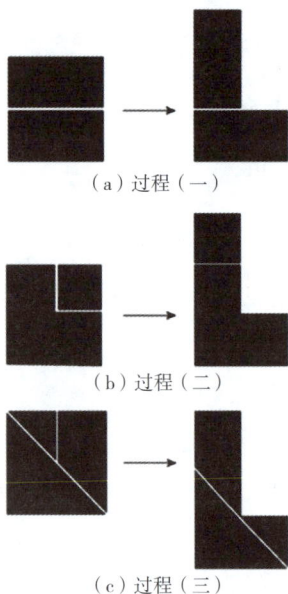

（a）过程（一）

（b）过程（二）

（c）过程（三）

图1-13 打开思维的趣味小游戏

单，却蕴含着无限的创意与智慧，让我们在不经意间萌发出灵感的火花。类似这样有趣的小游戏有很多，比如文字接龙游戏，通过词语的联想与组合，激发我们的语言创造力和想象力。这样的游戏不仅能够锻炼我们的思维反应速度，还能让我们在轻松愉快的氛围中积累更多的词汇和表达方式。

除此之外，还有许多其他类型的小游戏，如画图接力、故事接龙等，它们都能够以不同的方式激发我们的创意思考，都能让我们在玩耍的过程中锻炼思维能力，提升逻辑推理能力，逐步去引导我们跳出常规的思维框架，从不同的角度去审视问题，从而发现新的解决方法和创意。

不可忽视的是，那些看似微不足道的游戏，实际上会引导我们在心智的领域产生重大变革。在忙碌的日常生活中，投入时间参与这些小游戏不仅能够让我们体验到游戏的乐趣，还能促进我们形成一种积极的思维模式，将创造性思维融入我们的日常生活。这些游戏能够提升我们的观察力、思考力和创新能力，使我们在遭遇挑战和难题时能够迅速地构思出解决方案。因此，我们应当鼓励在日常生活中积极尝试各种富有趣味性的游戏，它们不仅能够为我们提供娱乐，还能激发我们的思维，培养我们形成创造性思维的习惯。

第二节　创意的来源

在日常生活中，创意究竟源自何处呢？可能很多人以为创意是突如其来的，其实不是。创意这种思考模式是非常稳定且具有前因后果的，从思考历程来看，创意比较倾向于多方向性思考而非单一性思考，我们需要深入了解创意的本质与内涵，这样才能更好地探寻其诞生的源泉与途径。

一、什么是创意

创意（idea）是具有新颖性和创造性（creativity）的一种思想、概念、想法或构思，是破旧立新、思维碰撞，是不同于寻常的解决方法。不是只有艺术圈、设计圈才讲创意，科学家、发明家、时尚编辑、销售员，无论从事什么职业都需要创意。新创意的涌现无疑为各领域注入了源源不断的活力，催生出无数新颖的产品、市场机遇以及财富创造的新路径，所以创意成为推动一个国家经济成长的原动力。

创意是一种独特的智慧，创意不同于智力（intelligence）和创造力（originality）。

尽管智力作为一种处理大量信息的能力，有利于创造力的发挥，但它并不等同于创造力。创意的降临，如同自信、勇气、耐心与智慧之神的降临，使我们的生命焕发出璀璨的光彩，是推动人类文明不断进步的重要力量，它能够将看似不可能的事物变为现实，将原本不相关的元素巧妙地联结在一起，点燃新的、更具活力的文明之火。创意的存在，让我们的生活充满了诗意与画意，让我们能够以更加丰富多彩的方式去感受、去体验、去创造这个美好的世界。

在《中国现代汉语词典》中，创意被定义为"有创造性的想法和构思等"，这一定义深刻揭示了创意的本质与内涵。创意，它是传统的叛逆者，勇于打破陈规，追求破旧立新的创造与毁灭的循环；它源于思维的碰撞与智慧的对接，是新颖性和创造性的结合，是不同寻常的解决方法的源泉。创意一词的现代意义来源于英文"idea"，出自著名广告大师詹姆斯·韦伯·扬（James Webb Young）的名著《创意》，意思为思想、概念、意见、主意、念头、打算、计划、想象、模糊的想法、理想和观念。他认为创意是旧元素的新组合，利用旧元素创造新的组合，才能使事物的关联性得以提高。如何理解创意是旧元素的新组合，很多人会觉得创意神秘，难以捉摸，它来自天赋、灵感、天马行空的想象力。旧元素新组合，则给了我们一个具体而生动的关于如何构想创意的行动指引。想象力虽可天马行空，但它并非平白无故诞生，而是源于人们对现实生活经验的二次创造。

通过"旧元素的新组合"这一概念，我们可以深入领会其内在含义。以料理为例，假设你面前摆放着红萝卜、牛肉、番茄、苹果、菠菜和洋葱这六种食材（图1-14）。你能想象这些食材能组合成多少种不同的搭配吗？运用数学中的排列组合原理，我们可以计算出多达21种不同的搭配方式，也就意味着能够创造出21道独特的菜式。我们可能曾经品尝过红萝卜搭配牛肉的经典组合，或是牛肉与番茄、苹果的创意搭配。然而，还有十几种之前从未想过、也从未尝试过的创新组合等待着你去探索。当然，我们并不能保证每一种组合都能带来美妙的口感，但这种方法的碰撞和组合，无疑为我们提供了源源不断的创意火花。这些新的组合，就是潜在的创意点。它们为我们打开了新的视角，让我们看到了食材之间更多的可能性。至于哪些组合真正合适、能够带来美味的口感，这就需要我们运用自己的专业判断力进行筛选和尝试。

图1-14 "旧元素的新组合"案例（作者：朱芷莹）

通过这样的过程，我们不仅能够发掘出更多的美食组合，更能够培养自己的创意思维和创新能力。创意确实是旧元素的新组合，但这种组合绝非简单地堆砌或随意地拼凑。如果仅仅是停留在形式上的增减变换，那么创意的源泉很快就会因为缺乏深度和流于表面而枯竭。创意远非形式上的把玩，它蕴含着更为深刻和广泛的内涵，同时对设计者提出了更高层次的要求，包括思维方法和文化积淀。学会如何刺激创意点的产生，以及如何整合思维元素，变得尤为重要。

这就是我们接下来要说的另一个词"creative"，作为形容词，它意为具有创造性的、有想象力的，或者创造力、创造，被引申为创意。从"idea"和"creative"两个词的定义来看，前者倾向于即兴的想法或瞬间灵感，也可以引导他人的思考。后者则具有由内而外的创造性的、系统性的特征，具有目的、步骤和技巧，具有创造性思考的特点。因此，我们需要掌握创新性思维的方法，一旦我们能够真正领悟和运用创新性思维的技巧，这种能力将在多个领域发挥巨大的作用，带给我们无尽的启示和可能性。

二、创意源于生活

如果把大脑比作能够生产创意的工厂，那么学习和掌握思维导图等创意工具就相当于引进新的生产线和设备，对客观世界的认知则是创意的原材料（图1-15）。

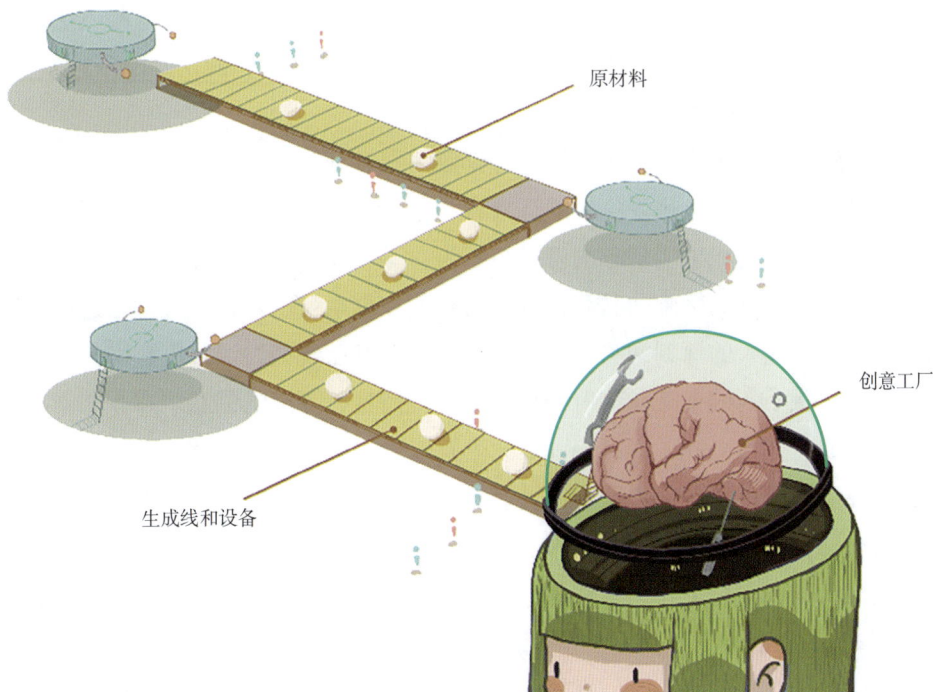

原材料

创意工厂

生成线和设备

图1-15　生产创意的模拟工厂（作者：朱芷莹）

这些用于加工的原材料就是从生活中获得的，所以说创意源于生活，对生活深层次的理解和感悟是激发原创力的源泉。如果缺乏对生活认知层面的现实原材料输入，即使是最好的工具，也无法产生高质量的创意。

"原创力"一词源于芬兰，我们常常谈到创造性和独创性，其中的"原"字更是核心所在。它代表着创意的根基，那份与众不同的特质，以及对平庸、陈腐和重复的抗衡。这不仅是一种新的审美观念，更是一种全新的生命态度和艺术表达，我们应该珍视这种源源不断的"原创力"，因为它远远超越了机械化的设计模式，能够引领我们走向更加丰富多彩的世界。

著名台湾舞台剧导演赖声川，凭借其独特的艺术视角，精心编导了经典话剧《暗恋桃花源》。他坚信创意是作品诞生的灵魂，是驱动其不断前行的核心能力。保持作品新颖与独特的同时，要做到恰到好处的精准表达，兼具原创性和出人意料的复合用途，即便在面临各种给定的目标和限制时，仍能巧妙地适应并绽放出别样的光彩。我们所经历、见识、思考的一切都是创意的基础。创造性思维虽然看似无拘无束，但其根基仍然深植于我们对客观现实世界的理解和观察之中，即便是天马行空的神话幻想，也不例外。想象一下，古代的前辈们倘若对鹿的踪影一无所见，未曾领略过鹿角那独特的魅力，那么，我们华夏神话中那威武的龙，或许就不会拥有那象征性的鹿角。天马行空也需要有现实依据，并非毫无逻辑的想象。

在进行创造性任务时，学生们常常会抱怨创意匮乏、灵感枯竭。究其原因，往往归结为两点：一方面，缺乏有效、系统的创意方法训练，或是没有将这些方法融入实际创作过程中；另一方面，更深层次的问题在于，对客观世界的认知范围过于狭隘，缺乏有效的创意输入。

为了破解这两大难点，除了系统学习有效的创意训练方法外，还应该从生活中收集创意的来源，成为一个热爱生活的观察者和思考者，用心感受生活的一切，从而深入挖掘和重视那些构成生活基础的思想与行为，探索我与他人、环境、时间流转以及整个社会之间的复杂而微妙的联系，将生活智慧和创意目的对接，通过表达创意感动自己，并引发与他人的深刻共鸣。与他人沟通，让自己有能力通过创意来传递新颖的视角，为事物赋予新的意义和价值，塑造出独特而富有深度的创意。存在主义心理学家维克多·弗兰克（Viktor Emil Frankl）认为：人类从出生开始就有一种内在的驱动力，去探寻生命的真正意义。这种力量使我们能够通过自己的努力去实现人生中最重要的事情——获得意义和幸福。

斯坦福大学商学院的奇普·希思（Chip Heath）教授经过深入研究发现，优秀的创意具有黏性，能被人们深刻理解和记忆，从而持续地塑造和影响观众的观点与行为。他们持有这样的观点，即创意的吸引力是由其简约、意外、具体、可信、情感和故事性等方面共同决定的。创意本身就是一个复杂系统，它由一系列相互关联、相互作用、相互影响的因素组成。希思教授的学术研究为创意实践提供了实用的方向，并激励人们在创作活动中更加关注这些关键因素。

关于创意的可学性，法国心理学家爱德华·德·波诺（Edward de Bono）和英国的智力魔法师托尼·巴赞（Tony Buzan）以及赖声川都持有相同的观点，认为它是可行的。赖声川认为，创意是人类最向往的能力之一，人们可以通过系统的培训进入创意的境界。他认为创意是基于个人的经验，因此，生活中的各种经历、感情和体验都有可能变成创意的灵感来源。他主张，在教育过程中要引导学生发现创意并学会运用创意去解决问题。他着重指出，创意不是从外部培育出来的，而是从内部挖掘出来的，这涉及如何观察这个世界、理解其背后的驱动因素、习惯和生活体验。创意并不像我们想象中那么简单，也不是一个人就能掌握的，必须经过长期的实践才能获得。因此，虽然创意带有一定的神秘性，但学习的方法和原则确实是存在的。

在19世纪末，法国的印象派大师保罗·塞尚（Paul Cézanne）倡导从多个角度去观察这个世界，他以自己独特的方式去认识和把握自然万物。他摆脱了印象主义的束缚，突破了传统思维，不再受到固定观点的限制，在绘画艺术中也不再受制于常规。他认为眼睛是一个独立而有活力的器官，它可以看到事物的各个侧面和细节。他观察到，当闭上一只眼，然后用另一只眼去观察同一个物体时，视角会发生变化。同时，眼睛能看到更多其他地方的景象，当站在不同的地方时，视角也会发生变化。塞尚以一种全新的视角看待周围事物，从一个独特的角度来思考艺术问题，使他的作品充满张力并具有强烈的个人色彩。塞尚认为，这些独特的视角为艺术家提供了探索世界创意的机会，并为他们塑造了全新的视觉表达和秩序。在教学中，通过持续和系统的培训，我们可以不断地积累和提高创意能力，并在实际操作中进行不断的修正和完善。因此，创意能力作为一种实践性、经验性的思维能力是可以学习的。

三、创意源于想象力

想象力是人类智慧的源泉和驱动力，这一观点历来被众多卓越的思想家所尊崇，认为正是那灵感火花让人类脱颖而出。想象力不仅让我们能够探索未知的领域，更是我们创新、进步的基石，使人类在智慧的道路上不断前行。人类的文明就是创造性思维的产物，想象力让我们能够超越现实，探索未知的领域，发现新的可能。

英国诗人约翰·梅斯菲尔德（John Masefield）曾写道："人身有缺陷，人心不可信，但人的想象力却造就其不凡。几个世纪以来，人类在这个星球上的生活，逐渐成为一项调动所有分外美好的能量所进行的生机勃勃的事业，而这，正是想象力所造就的。"5000年前发明的轮子使人们可以花更少的力气走更远的路；随着时间的推移，人类的想象力得到了更广泛的应用，有人开始设想将轮子与水的动力相结合，于是诞生了水车。水车的创新使用不仅极大地减轻了人力负担，还提高了生产效率，这是想象力在日常生活和技术进步中的一次重要应用。

爱因斯坦在1929年的一次采访中，表达了关于想象力和知识的重要观点，他说："想象力比知识更重要。因为知识仅限于我们现在所知道和理解的一切，而想象力则拥抱整个世界，以及所有需要知道和理解的东西。"确实是这样的，知识的范围受限于我们目前所了解和掌握的，而想象力则是一种展望未来的能力，如同远方的灯塔照亮未知的前路。这种与生俱来的想象力，正是人类与动物之间最显著的差异之一。与创造力携手，想象力使我们能够洞察未来，预见那些尚未实现的可能性。如果没有想象力，莱昂纳多·达·芬奇（Leonardo da Vinci）可能无法构想出如此独特的飞行器（图1-16）；没有想象力，我们也无法想象人类能够飞向太空、登上月球，甚至进一步探索宇宙的奥秘。想象力是推动人类探索未知、实现梦想的强大动力，它使我们超越现实的局限，开启了一个又一个令人惊叹的科技创新之旅。

人们借助丰富的想象力，仿佛能够穿越时空，身临其境地将他人叙述或文学作品中的故事在脑海中重现；同样，我们也能将某些事物的发展轨迹或自己的未来蓝图，依照个人的内心愿望和美好憧憬精心描绘。人的想象力超越了时间、地点和空间的界限，无须受客观事实的限制，也不受现实能力能否实现的约束；它可以驰骋天际，自由穿梭，无拘无束。内心的广阔，决定了想象世界的无限可能。但并不是所有的想象，都能够成为有价值的想象。

想象主要可分为两类：无意想象和有意想象。无意想象，通常是无特定目的、非自觉的想象，如走神、做梦、胡思乱想等；而有意想象，则是有明确目的和自觉性的想象，它基于特定的目标和意图进行构思和想象。有意想象是推动人们创造活动的关键想象方式。生活积累是想象力的根基，想象并非空中楼阁，而是基于我们大脑中已经储存的记忆表象进行加工和改造的产物。这些记忆表象正是来源于我们日常生活的积累，无论是亲身体验还是间接经验，都为想象力提供了丰富的素材。因此，如果一个人缺乏生活积累，其想象力就会如同无源之水、无本之木，难以迸发出创新的火花。另外，想象诱因是激发想象力的关键因素。正如人们常说的"日有所思，夜有所梦"，想象需要一个明确的起点或诱因，以激发和诱导我们的思维。这个诱因可能是一个具体的问题、一个场景或一个情感，它能够引导我们进入想象的世界，帮助我们开拓思路、寻找创新的可能。

图1-16　文艺复兴时期达·芬奇绘制的飞行器

所以，创意源于想象力。我们不妨回过头来想一下，我们在什么时候想象力是最丰富的？我们经常感叹，小朋友的想象力真丰富！回想童年，我们也曾拥有那份无尽的想象力和创造力，但随着岁月的流逝，许多思维模式逐渐固化，好奇心和兴趣逐渐消退，导致创意的火花逐渐黯淡，生活也似乎失去了往日的色彩，变得平凡无趣。

因此，作为一名设计师，必须重燃内心的创造力，唤醒那份被岁月掩盖的知觉。创意并非天赋，而是可以通过训练和实践逐渐习得的。让我们打破思维的桎梏，重新找回那份对世界的好奇与热爱，让创意成为我们生活中不可或缺的一部分，让每一天都充满无限的可能与乐趣。

第三节　创意思维的方法及训练

许多人常常将创意简单理解为随意的奇思妙想或表面的拼凑，认为它仅仅是对形式的增减变换。然而，这种浅尝辄止的理解很快会耗尽创意的源泉，因为它忽视了创意背后深厚的内涵。真正的创意远不止于形式上的游戏，它涉及更深刻、更广泛的思考，对设计者来说，它要求的是深入的思维方法和丰富的文化积淀。简言之，创意是深思熟虑、文化积淀和创新思维的结合，而非表面上的随意拼凑。当我们真正能掌握方法，它将不再是空谈。

作为一种系统性的创意思维方法，水平思考法广泛运用于创造性思维活动中。这种思考方式可以被有意识地运用，它强调在多个不同的思考维度上进行"水平"的跳跃与转变，由心理学家爱德华·德·波诺博士首次提出，为了弥补垂直思考方式可能带来的局限性。掌握水平思考法的技巧，能帮助我们逐渐养成水平思考的习惯，用一种"水平"发散的方式进而激发我们的创新思维，促进问题的多角度、全面性的解决。联想思维、逆向思维都是水平思考系统中的思考技巧。

一、联想思维

哈佛大学专门研究创意的团队用时六年访谈了三百多位高管，并发表了一篇名为《创新者的DNA》（*The Innovator's DNA*）的论文。论文研究指出，创新者与缺乏创造力的专业人士相比，前者拥有一项最重要的独特能力——联想（associating），也就是将看似不相关的问题或者不同领域的构想连接起来的能力。

联想思维，作为人类与生俱来的一种本能，构成了我们思考方式的基础。它是指人脑记忆表象系统中，由于某种特定诱因的作用，不同表象之间自然而然地建立起联系的一种自由且灵活的思维过程，这一过程并不受限于固定的思维方向。我们的思绪时常如同涟漪般扩散，当聚焦于某一事物时，常常会触类旁通，瞬间联想到另一件事情，或是突然忆起某个身影，随后又迅速切换到另一位熟悉的面孔。这些看似跳跃的思维片段，其实都源于我们的联想思维，它让我们的思考变得丰富多彩，充满无限的可能性。

人的思维是人类大脑对客观世界间接概括的反映。它基于感知所提供的原始材料，经过深思熟虑、筛选提炼，去除冗余和虚假，进而在逻辑上建立联系，由局部推断整体，从表面洞察深层。这一过程揭示了事物的本质特征及其内在的规律性，是人类认识过程中的高级阶段。

常见的思维模式中，有两种被广泛应用于艺术创造领域：第一种是形象思维，或称为"直感思维"，它是建立在经验或直觉的基础上，指导人类产生智能的行为。在着手进行具体的设计之前，我们需要有意识地扩展和构建我们的知识体系，积极地去观察和体验社会生活，不断积累丰富的感性素材以及视觉经验。第二种是灵感思维，又称为"顿悟思维"，它是形象思维的深化与升华，从直观的显意识跃迁到灵感的潜意识层面。这种思维模式对于设计师而言尤为重要，要求其基于形象思维的深厚积累进行筛选、整合，甚至跨学科的交融碰撞，以期在思维的交织中迅速捕捉到灵感与洞见。值得注意的是，灵感思维并非偶然降临的，它需要长期积累与努力，以及对设计的敏锐洞察和深刻理解。

人脑思维的基本单元是神经元，这些微小的细胞在受到刺激时会产生兴奋并传递信息。联想思维模式具有一些基本表征，它是在两个或多个思维对象之间建立联系，具有较强的连续性。当我们进行思考时，脑海中首先浮现的往往是视觉的片段，这促使我们对思维对象进行形象化的提炼与总结。这样做不仅有助于大脑更高效地储存和检索信息，还能激活创新思维的空间，为其他思维方法提供有力的支撑与素材。

联想思维模式主要有相似联想、相关联想、对比联想、因果联想四种思维方式。

（一）相似联想

相似联想是指由一个事物外部构造、形状或某种状态与另一事物的类同、近似而引发的想象延伸和链接。这样的联想并非偶然，而是大脑内部复杂的信息网络在发挥作用。当我们看到三角形时，大脑可能会先识别出这个图形的基本特征，如三条边和三个角。然后，基于我们的知识和经验，大脑可能会联想到与三角形形状相似或功能相近的物体，如衣架，这是因为衣架的形状与三角形有共同的特点（图1-17）。

这种联想的过程不仅展示了大脑强大的信息处理能力，也体现了人类思维的灵活性和创造性。它使我们能够超越表面的相似性，挖掘出更深层次的联系，从而激

图1-17　三角形的相似联想（作者：朱芷莹）

图1-18　蘑菇形态的相关联想（作者：朱芷莹）

图1-19　具有相反性质的对比联想太阳（作者：朱芷莹）

发出更多的创意和灵感。

（二）相关联想

相关联想是指联想物与触发物之间存在一种或多种相同而又具有极为明显属性的联想。例如，当我们看到鸟儿飞翔时，可能会想到飞机在空中滑翔的画面，这是因为它们在移动方式上存在相似性。再如，当我们观察蘑菇的形态时，可能会联想到小伞的形状（图1-18），这是因为它们在外观形态上的相似性引发了联想。甚至，当看到水中自在游弋的鱼儿时，我们可能会感受到一种无拘无束的自由感，这是基于鱼儿在水中自由游动的特性与自由这一抽象概念之间的相似性所产生的联想。这种联想方式让我们能够跨越不同领域，通过相似性建立起事物之间的联系。

（三）对比联想

对比联想是指联想物与触发物之间具有相反性质的联想。例如，当我们看到黑夜的深沉与静谧时，可能会自然地联想到白昼的明亮与活力，这是因为它们在光明与黑暗这一维度上形成了强烈的对比。同样地，当我们处于炎热的夏天，感受着高温与酷热时，可能会不由自主地联想到冬日的冰冷与寂静，这是因为它们在温度与氛围上形成了鲜明的对比。这种对比联想不仅帮助我们更好地理解和感受不同事物的特性，还丰富了我们的思维与想象（图1-19）。

（四）因果联想

因果联想是源于人们对事物发展变化结果的经验型判断和想象，联想物与触发物之间存在一定的因果联系。例如，当我们看到毛毛虫时，会自然地联想到它最终会变成美丽的蝴蝶（图1-20），这是因为我们知道毛毛虫经过一段时间的蜕变和成长，会最终变成蝴蝶这一事实。这种联想就是基于毛毛虫和蝴蝶之间的因果关系。同样地，当我们看到五颜六色的花朵时，也会联想到它们可能会结出丰硕的果实，这是因为花朵是植物生殖器官的一部分，它们的盛开通常预示着植物即将进入结果期。这种联想也是基于花朵和果实之间的因果关系。因果联想不仅能够帮助我们理解事物之间的联系和发展规律，还能够激发我们的创造力和想象力，使我们能够更好地预见和把握未来的可能性。

图1-20　毛毛虫与蝴蝶的因果联想（作者：朱芷莹）

下面让我们通过简单的训练，更好地理解联想思维：

1. 联想思维训练1（图1-21）

联想训练不仅能够丰富个人的精神世界，还能在实际生活中发挥重要作用，它可以激发我们的创造力，增强我们的想象力，提升我们解决问题的能力，促进情感与认知的发展，同时，构建故事框架和情节，也能锻炼逻辑思维和叙事能力。我们从"气球"开始，通过联想而出现的词汇编写一个有趣的故事吧（图1-22）。

课堂训练1：故事联想训练法

分组进行，用我们联想的事物编一个故事。

从"气球"开始!

图1-21　联想思维训练1

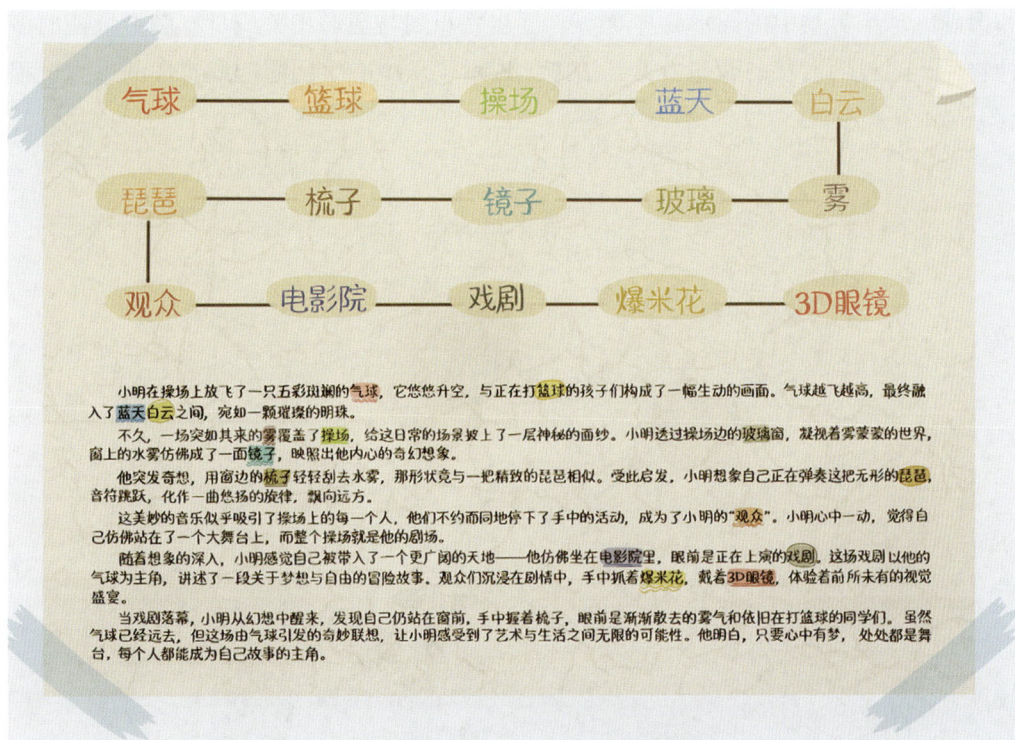

图1-22　从"气球"开始联想，并用联想的事物编造故事（作者：朱芷莹）

2. 联想思维训练2（图1-23）

课堂训练2：图形联想训练法

任意选一个图形，快速进行图形联想。

图1-23　联想思维训练2（作者：朱芷莹）

图形联想训练是一个激发想象力和创造力的有效方法。通过选择一个图形作为起点，并进行直接联想、抽象联想、情境联想和组合联想等多种方式的联想训练。在进行联想之后，我们需要整理和表达自己的联想结果。这可以通过文字描述、绘画、故事讲述等多种方式来实现。如图1-24所示，我们选择了圆形进行联想训练。以圆形为中心进行联想训练，第一层联想物体都是圆形的或具有圆形特征的物品，如苹果（圆形水果）、地球仪（代表地球的球形）、甜甜圈（环形，可视为圆形的变种）、足球和棒球（球类运动中的圆形物体）等。逐步联想到与圆形相关或具有圆形特征的多种物品，通过辐射状的联想方式，清晰地展示了从中心主题向四周扩散的思维过程（图1-24）。

图1-24　圆形联想训练（作者：朱芷莹）

3. 联想思维训练3（图1-25）

课堂训练3：视觉联想训练法

图1-25　联想思维训练3

视觉联想训练是一种通过视觉刺激来激发联想和创造力的训练方法。它通常涉及观察一个或多个视觉元素（如形状、颜色、图案等），然后从这些元素出发，进行自由联想，将观察到的元素与其他事物、概念或情感联系起来。通过练习，我们可以学会更加敏锐地捕捉视觉信息，更加灵活地运用联想思维，从而在日常生活中更好地应对各种情境和挑战（图1-26）。

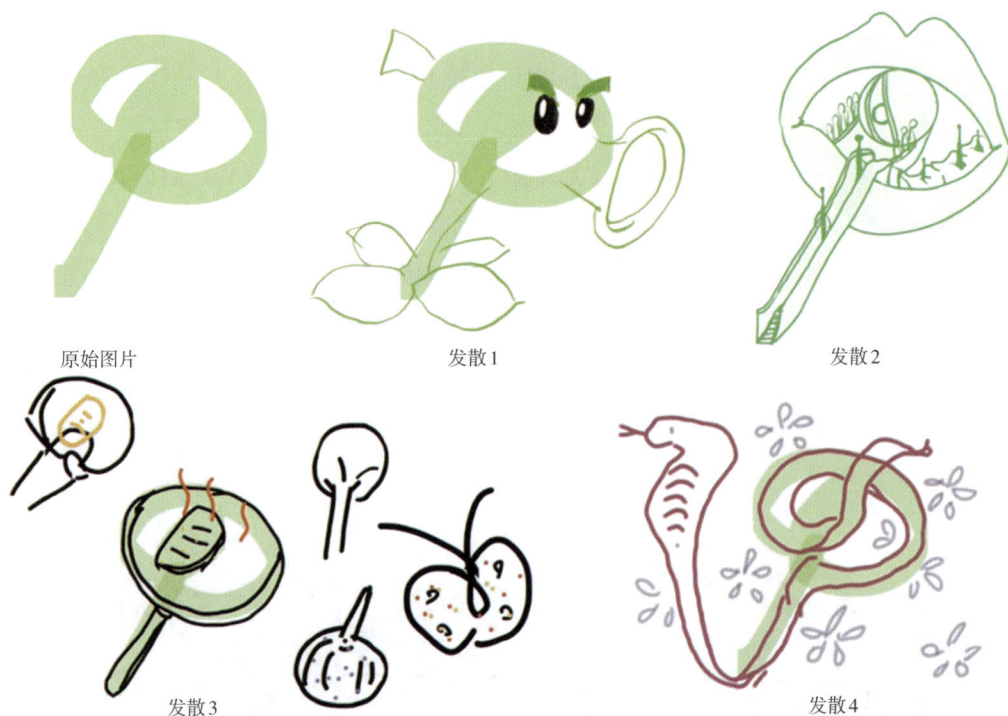

原始图片　　　　　　　　　　发散1　　　　　　　　　　发散2

发散3　　　　　　　　　　　　　　　　　　发散4

图1-26　视觉联想的发散实验（21级服设1班同学课堂训练）

结合上文中的几种联想思维方式，通过一个随意绘画的不规则形状进行思维发散，我们可以看到，不同角度、不同方法的联想可以使最后呈现的效果产生很大的变化。

二、逆向思维

逆向思维是一种与众不同的思维方式，它要求我们在面对问题时，不拘泥于传统、固定的思维模式，敢于"反其道而思之"，让思维向对立面的方向发展，从问题的相反面深入地进行探索。当大众都习惯性地朝着某个固定的思维方向前进时，逆向思维者却能够独辟蹊径，从问题的反面或结果的反面进行逆向推理，从而提出全新的观点和解决方案。

逆向思维不仅是对司空见惯、已成定论的事物或观点进行反向审视，更是一种富有创造性和批判性的思维方式。它鼓励我们打破思维定式，勇于挑战传统观念，通过反向思考来发现新的可能性，开拓新的思维领域。

逆向思维存在于多个领域和活动中，具有一定的普遍性。无论在科学研究、艺术创作、经营管理还是日常生活等领域，它都能够帮助我们找到更优的解决方案，更高效地达成目标。因此，逆向思维是一种值得我们学习和掌握的思维方式。

逆向思维的表现形式极其丰富多变，涵盖了本质属性中的对立转换，如柔软与坚硬、高耸与低洼的相互转化；在结构与空间布局上，也存在着上下颠倒、左右互换的奇妙变换；更扩展到过程与状态的逆转现象，譬如气体凝结成液体，电能转化为磁场等。这些千变万化的实例，无一不彰显了逆向思维的精髓——即从某一视角出发，勇于跨越界限，联想到其截然相反的另一面，从而开辟出全新的思考路径。

家具设计师塞巴斯蒂安·布拉科维奇（Sebastian Braikovic）表示："真正新颖实用的产品和理念将未来、现在和过去融为一体。"这一理论也体现在布拉科维奇的雕塑作品中。他将常见的椅子扭曲和夸张，直到它们变得几乎模糊不清，他的作品有着奇特、扭曲且无可否认的现代感（图1-27）。

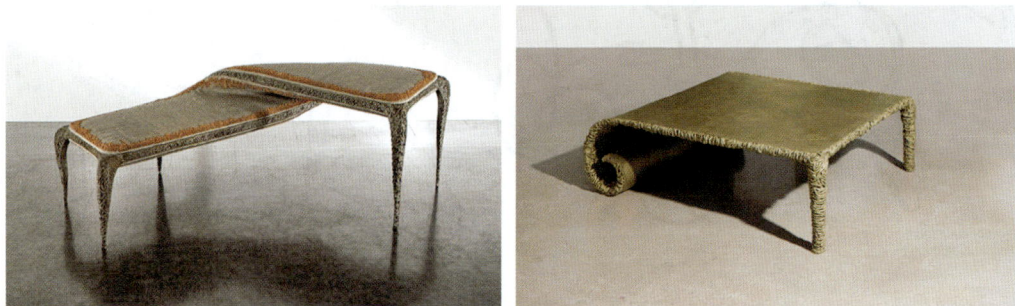

图1-27 逆向思维的艺术品
（图片来源：塞巴斯蒂安·布拉科维奇 《长椅》《咖啡桌"我的回忆录"》）

故而，我们应勇于向常规发起挑战，对既有的常识保持质疑态度，摆脱惯性思维的束缚，勇敢地颠覆传统观念。同时，我们还需努力打破那些由长期经验和习惯所构筑的僵化认知框架，以开放的心态和创新的视角去探索未知，开拓更加广阔的思维空间。以下是在设计中常用的逆向思维类型。

（一）反叛型逆向思维

反叛型逆向思维模式鼓励我们从既有事物的对立面或非常规角度进行探索，反传统、反常规以此激发创新灵感。例如，牛仔裤是穿在下半身的，反过来想想，我们能不能将它通过一些改造而变成一件上衣（图1-28）；又如，帽子是戴在头上的，能不能将它的版型拆解、放大，打破帽子的结构进行一些重组，让它成为一件创新的裙子呢。

图1-28　牛仔裤的改造

（二）转换型逆向思维

转换型逆向思维强调在面对研究难题时，当常规方法或手段遭遇阻碍时，能够灵活转换思考视角，或者尝试探索并应用新颖的方法与工具，以一种创造性的方式突破困境，从而找到解决问题的有效路径。在维果罗夫（Viktor & Rolf）的设计中，常常看到颠覆性的视角，如2023春夏高级定制时装秀中礼服没有穿在模特身上，而是外挂了模特身上，或倾斜、或交叉、或直接倒挂在模特身上，这种前所未有的呈现方式，不仅是对传统服饰穿戴方式的彻底颠覆，更是维果罗夫品牌精神的一次极致演绎。他们巧妙地利用空间与形态的错位，将礼服转化为动态的雕塑，每一件作品都仿佛拥有了自己的生命，与模特形成了一种既独立又相互依存的微妙关系。他们始终保持着敏锐的洞察力和前卫的实验精神，不断突破自我，引领潮流（图1-29）。

图1-29　转换型逆向思维的服装作品（维果罗夫 2023春夏高级定制时装秀）

（三）缺点型逆向思维

缺点型逆向思维是巧妙地转化视角，将事物原本被视为缺陷或不利之处，转化为独特的优势或资源，从而以一种积极主动的策略，将被动局面翻转为主动出击，实现不利条件的巧妙利用和创造性解决方案的诞生。它并非旨在消除缺陷，而是通过智慧与创新，将这些看似不利的因素转化为推动问题解决和促进发展的积极力量。例如，曾经风靡一时的"窟窿装"，就是典型的缺点型逆向思维，服装上的破洞本是让人气恼和无奈的一件事情，常规思维是进行缝补，那固然会留下难看的针脚。在缝补之前灵光一闪，不如将计就计，刻意制造更多的洞，反倒成为更加新颖的款式（图1-30）。

图1-30　缺点型逆向思维的服装作品（川久保玲设计的"窟窿装"）

第四节　利用思维导图

一、什么是思维导图

思维导图是由英国学者托尼·巴赞经过多年研究发明的一种工具，旨在帮助人们高效思考、组织和表征知识。它通过将某一主题的核心概念置于圆圈或方框的中心，向四周发散，容纳与该主题相关的联想。随后利用线条将这些概念及其间的逻辑关系连接起来，并在连线上明确标注出这些概念之间所蕴含的具体意义关系。

20世纪80年代，托尼·巴赞的《思维导图——放射性思维》一书出版之后，迅速普及，成为人脑思维研究的经典著作。思维导图可以帮助我们激发大脑的潜在能力，进行更加有效的思考，适用于生活的各个方面和各个领域。在服装设计过程中，尤其是在设计师感到思维枯竭时，思维导图能让大脑保持开放状态，促进创意产生。

托尼·巴赞认为，人的大脑神经细胞的生态结构与大自然中众多的植物生态结构类似，展现出一种放射状的生物结构（图1-31）。这种结构犹如树木的根系或枝干，从一个核心点延伸而出，向周围空间广泛而精细地分支生长，形成了复杂而有序的网络系统。同时，他还发现伟大的艺术家达·芬奇在笔记中（图1-32）使用了许多关键词、符号、顺序、列表、流线感、分析、联想、视觉节奏、数字、图像、维度和整体观念——这是一个完整表达自我思想的例子。他意识到，这正是达·芬奇拥有超级头脑的秘密所在。在此基础上，经过多年的研究和实践检验，他发明了"思维导图"这一风靡世界的思维工具。

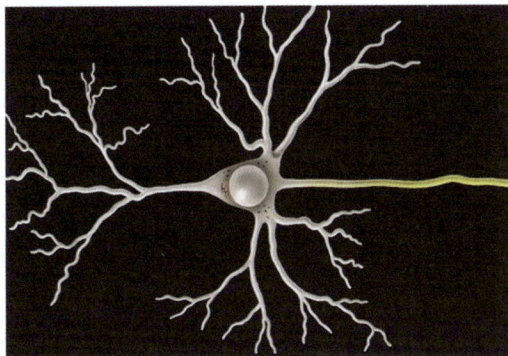

图1-31　多级神经元反映思维导图结构
（图片来源：东尼·博赞《思维导图》）

二、开启你的思维导图

思维导图的基本构架，就是仿照人的脑细胞以及树木生长的发散结构状态，进行主题的放射联想，将思维可视化从而提高思维构想的效率。思维导图的制作方法非常简便，没有过多的要求和限制，只要按照以下三个步骤，就可以开启你的思维之旅。

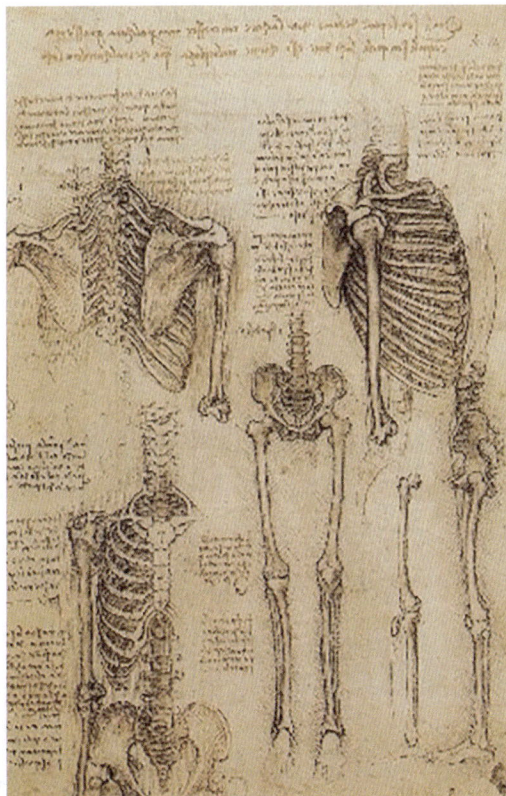

图1-32　达·芬奇分析思考的分体解剖手稿

（一）确定主题词，并完成第一层的联想构建

在纸中央写出或画出主题，随后围绕这一主题展开迅速而灵活的放射性思维联想。根据主题的内容进行快速的放射联想，至主题向外延伸出多条主干线条，象征性地代表联想的主要路径。接下来，对于每一条主干，采用精练的方式，在其上标注由主题直接触发的关键词汇或象征性图形，这一步骤被视为第一层的联想构建。

这些关键词需紧密围绕主题，以字、词或图形的形式简洁呈现，避免使用冗长的句子，以确保联想过程的清晰与高效。

（二）第二层的联想构建

在已完成的第一层联想基础上，针对每一个关键词再次进行放射性联想拓展。具体做法是，从每个主干线条出发，绘制出三到四条新的、呈放射状的细小枝干线条，这些线条代表了对各关键词进一步联想的路径。随后，在每个新生成的枝干上，细致填写上与原始关键词相关联的新关键词或概念，这一过程构成了第二层的联想构建。通过这样的方式，不仅丰富了联想的内容层次，也加深了对于主题及其相关领域知识的理解和掌握。要注意，思维导图纸面的上下方向是固定的，不能转动或改变方向。关键词不能使用句子。

（三）第三层的联想构建

在第二层的联想基础上，进一步细化思考过程，针对每一条枝干线条进行深入的挖掘与扩展。具体而言，就是在第二层的每条枝干线条上，再次绘制出三到四条放射状分布的分支线条。这些分支线条如同树叶之于枝干，代表着从第二层关键词中衍生出的更为细致和具体的联想内容。随后，沿用先前的方法，在每条分支线条的末端，用简洁的词汇或图形标注上由上一层关键词所激发出的新关键词或概念，这一步骤被视为第三层的联想构建。通过如此层层递进的联想方式，我们能够更加全面且深入地探索主题的多维度关联，构建起一张错综复杂却又条理清晰的思维网络。

在保持整体逻辑清晰、思维流畅的前提下，进行思维导图绘制与联想的展开时，并不需遵循特定的先后顺序或严格规则。在绘制思维导图时，可以根据个人的习惯与偏好灵活选择工作流程。可以选择集中精力于一个主干，先完成其上的所有枝干及分支的详细勾画，待这一主干内容充实后，再转而处理下一个主干；或者采取逐层推进的方式，先专注于第一层的主干构建，随后依次向外拓展至第二层、第三层，逐步深化每一层的内容，直至整个思维导图完整呈现。两种方式均可行，关键在于确保思维

过程的连贯性与最终成果的清晰度。

如果完成了第三层联想仍然觉得问题没有得到满意的解决，此时建议你让思维继续"生长"，画到第四个或第五个层次，直到把纸面画满为止，一定会找到你所想要的答案。

为了不错过每一个闪过的念头，利用思维导图来记录自己的想法，能够将想法可视化（图1-33）。

图1-33　以"快乐"为主题的思维导图（作者：朱芷莹）

小结

本章主要围绕"开拓创造性思维"这一主题，从多个角度深入探讨了设计思维、创意的来源以及创意思维的方法与训练。通过本章学习，学生可以深刻认识到开拓创造性思维在服装设计中的重要性，并掌握一系列有助于激发和提升创意的方法与技巧。这些知识和技能将为设计师在未来的设计实践中提供有力的支持和指导。

课后作业

1. 完成课堂上的联想思维训练。

2. 为自己的创意服装设计项目寻找灵感来源，并通过相关内容主题的思维导图，展示其创意的组织和扩展过程。

第二章
创意服装设计的开端

课题名称： 创意服装设计的开端

课题内容： 1.从灵感到落地

2.灵感的来源

3.主题调研

4.调研分析

课题时间： 8课时

教学目的： 通过本章的学习使学生了解如何从日常生活中捕捉灵感，帮助学生学会将灵感转化为设计概念；通过介绍主题调研的方法，使学生掌握如何将调研结果转化为具体的设计元素和创意。

教学要求： 1.理解灵感在服装设计中的作用，学会如何从日常生活中捕捉灵感。

2.掌握主题调研的基本方法，能够独立进行主题调研。

3.掌握分析调研结果的能力，并将其转化为具体的设计元素。

4.通过项目实践操作，将理论应用于实际设计中，提高设计能力。

课前准备： 1.阅读相关资料，了解灵感捕捉和主题调研的基本概念和方法。

2.在日常生活中搜集灵感，可以通过拍照、素描、剪贴等方式记录。

第一节　从灵感到落地

从灵感到落地是一个多层次、系统性的过程，它始于创意或想法的萌芽，并最终将这一抽象思维转化为触手可及的现实物品。这一过程涵盖了多个紧密相连的阶段与步骤，应保持积极的心态，灵活应对各种挑战，不断学习和创新是这个过程中的关键所在。同时，还要学会从失败中吸取经验，适时调整策略与方向，也是确保灵感能够顺利转化为现实成果的关键所在。

通过深入探索与剖析，我们可以逐步揭开创意设计神秘的面纱，并将其转化为实实在在的成果。接下来的内容将细致入微地探讨这一流程中的每一个关键环节，为我们的灵感之旅——从灵感的闪现到最终成果的落地，提供全面而详尽的导航（图2-1）。

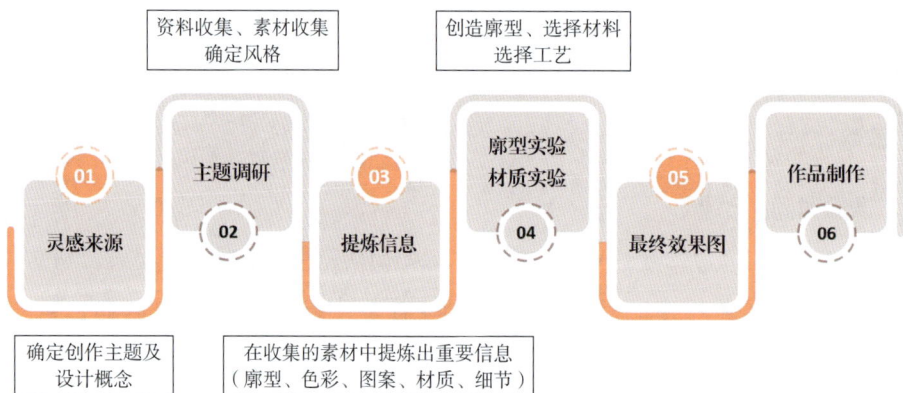

图2-1　从灵感到落地

第二节　灵感的来源

当我们开启一段创作之旅时，往往会感到迷惘，仿佛灵感之源悄然隐匿，思绪间仅余一片空白的画布，渴望能直接于虚无中勾勒出奇思妙想。然而，这种方法对激发真正的创意与设计深度而言，无疑是收效甚微的。有效的创作往往源自深思熟虑的筹备与对灵感的细心捕捉。

我们应当认识到，灵感并非无根之木、无源之水，它往往潜藏于生活的细微之处、过往经验的积淀及对外界事物的敏锐感知之中。接下来我们尝试找到那把开启灵感之门的钥匙。

一、灵感闪现

灵感源自我们生活的方方面面——每一次的亲眼所见、亲耳所闻，内心深处的细腻感受，以及人生旅途中的丰富经历，都是启迪创意、激发灵感的宝贵源泉。

英国作家威尔·贡培兹（Will Gompertz）在《像艺术家一样思考》中深刻阐述想象力时指出："出于无知和轻率而诞生的想法必定软弱无力，且通常是无用的，而那些基于真知灼见，由饱满热情激发出来的构想则更有可能具有合理性与内涵。道理很简单：我们的想象力本就有创造具体的理念和能力。"此言诚然击中要害，灵感正是想象力的火花，而想象力之树又深深植根于我们累积的知识与见识之中。因此，若我们能不断拓展自身的知识边界，深化对生活的理解与洞察，我们的想象力便能因此获得滋养，构思出的作品自然也会更加合乎逻辑、富于内涵。所以，为了激发更多灵感，为我们的创作之路铺设更广阔的创意舞台，我们应当持续不断地自我提升，让知识与经验成为滋养灵感的不竭源泉。

我们借助美国作家斯科特·巴里·考夫曼（Scott Barry Kaufman）和卡罗琳·格雷瓜尔（Carolyn Gregoire）共同撰写的一本探讨创造力的书籍《异想天开：极富创造力的人做的10件与众不同的事》来提升对创意的敏感度，随时捕捉灵感闪现的瞬间。书中详尽列出了既实用又启发性的10条建议，以下结合灵感闪现的关键点作简要介绍。

（一）充满想象力的玩耍

孩提时代的玩耍，往往悄然铺就了人生轨迹的基石。从诸多艺术家的自传中，不难发现，童年的点点滴滴，后来都化作了他们创作灵感的源泉。如超级玛丽（Super Mario）这款经典游戏（图2-2），其设计者宫本茂正是从儿时频繁造访的山洞中汲取了无尽的灵感。或许，如今我们已不再是那个无忧无虑的孩童，但玩耍对创造力的刺激作用，同样适用于成年人，正如那句："我们并非因岁月流逝而放弃玩乐，而是因放弃玩乐而逐渐老去。"不妨尽情地玩耍吧。

图2-2 《超级玛丽》游戏画面

（二）热爱

热爱是推动创造力开发的强大动力，当我们全心全意地投入于所热爱之事时，往往能轻易地踏入心流之境——那是一种超越时间、忘却自我的状态。在这样的奇妙状态下，个体的潜能与创造力仿佛被无限放大，创造出令人瞩目的成果。例如，迈克尔·乔丹（Michael Jordan），作为NBA历史上最伟大的球员之一，乔丹对篮球的热爱是显而易见的，他的天赋、努力和对胜利的渴望使他成为篮球界的传奇。乔丹的热爱不仅体现在他在球场上的卓越表现，更在于他对篮球文化的传承和推广。所以，在创意出现之前，先找到你的热爱。

（三）白日梦

白日梦是很重要的提升创造力的工具，它能帮助我们联系甚至驾驭潜意识，灵感总是在我们想东想西的时候突然蹦出来。在白日梦的梦幻泡影中，我们仿佛解锁了通往心灵深处的秘密通道，那些在日常忙碌中被遗忘的碎片记忆、未竟的想象与深藏的渴望，相互碰撞。当我们沉浸于这种看似漫无目的的遐想之中，大脑其实在进行着一种高效的信息整合与重组工作。不同领域的知识、经验、情感在潜意识层面交织融合，创造出全新的连接与视角。正是这种跨界融合的过程，让灵感在不经意间悄然降临，如同灵光一闪，照亮了我们创作的道路。

因此，不妨给自己留出一些"做白日梦"的时间，让心灵得以休憩，让思维自由驰骋。这些看似虚无缥缈的时刻，或许正是你创造力大爆发的关键时刻。

（四）独处

在这个快节奏、高压力的社会中，我们往往被各种期望和压力所包围，很容易感到焦虑与不安，而独处则是我们放下这一切负担、回归自我本真的最佳时机。在没有了外界干扰的环境中，灵感如泉水般涌现，那些平时难以捕捉的奇思妙想，在此时变得格外清晰。艺术家们常常在独处时寻得创作的灵感，科学家们在孤独的实验室里揭开自然界的奥秘，思想家则在寂静的夜晚里构建起宏伟的哲学体系。独处，为我们的心灵提供了一片肥沃的土壤，让思想的种子得以生根发芽，茁壮成长。时常为自己预留独处空间，在这珍贵的时刻里，悠然地梳理思绪，让心灵得以沉淀与升华。

（五）直觉

在创造性认知的探索过程中，直觉被视为无意识思维与有意识思维交汇融合的节点，也常被称作顿悟的瞬间。创造性思维的形成通常是两种思维方式相互影响的结果：一种是自发地放松和分散注意力，另一种是有意识地重新集中注意力，并用有意识的理性思维去探索和尝试新的创意。这样的互动机制可以激发我们的创意灵感。

因此，培育直觉与敏锐度变得尤为关键。除了与潜在的意识建立联系外，我们还可以通过培养发散性的思考和与其他事物建立联系的思维方式，来增强将看似无关的事物联系起来的能力。结合思维导图推动创造性的思考，以此来助力培育我们直觉的敏感度。

（六）积极体验

积极地迎接新的挑战，这些挑战有助于我们更好地了解自己和周围的世界。第一步先走出舒适圈，尝试一些过去不会去做的事情，比如学习一门新的语言、参与一个陌生的社交活动，或是尝试一种全新的运动。每一次的尝试都是一次自我发现的旅程，它可能让你感到不安或紧张，但正是这些感受，促使你挖掘出内心深处未曾触及的潜力和勇气，更是为你提供了一个探索世界的新视角。当你走出熟悉的环境，接触不同的人和事，你会发现世界的多样性和复杂性远超你的想象。这种经历不仅能拓宽你的视野，还能增强你的适应能力和同理心，使你更加包容和理解不同的文化和观念。面对挑战时不断前行，你将发现一个更加丰富多彩、充满可能的自己。

（七）正念

正念是一个源自佛教禅修的概念，在心理学中被定义为一种有意识的、不加评判地专注于此时此刻的状态。它要求个体将注意力集中在一个人的内在过程和体验上，观察和接受这些思想，而不是判断或回避。正念的核心在于有意识地觉察、保持开放和好奇、活在当下。当我们把关注点对准外部世界，对准由思想、观点和情感构成的内部世界，这会带给我们灵感。就像画家乔治亚·欧姬芙（Georgia O'Keefe）在她的微观视觉下为每一朵花都投入了大量的注意力，以其独特的视角、大胆的色彩运用以及对自然形态的抽象化表达，塑造了一种极具个性的艺术语言，给观众带来全新的视角（图2-3）。观察是创造力的重要驱动器，通过正念训练有意识地觉知，从而获得观察能力的提升。

图2-3 乔治亚·欧姬芙 《黑鸢尾》（1926）

正念训练实践起来其实并不复杂，不妨从认真地享用一顿饭开始。为何会有这样的建议呢？因为每日三餐本是生活常态，但在如今快节奏的生活中，吃饭往往变得敷衍了事，而边吃饭边看手机也成为一种普遍现象。在用餐时，我们的注意力完全被手机上的短视频所吸引，以至于无法细细品味菜肴的口感、感受味蕾的触动、分辨味道的咸淡。这样一来，吃饭就成为一项机械化的任务，无法充分调动我们的五官感受。因此，提倡大家认真吃饭，专注于餐桌上的每一刻，细细感受食物带来的色彩、香气与味道的幸福感，让吃饭重新成为一次美妙的体验。

（八）敏感

对于那些敏感的人来说，他们能觉察到普通人未能注意到的细节，带着高度的敏感性来理解世界既是挑战，也是一个有利条件。对于那些极具创造力和异常敏感的人来说，周遭环境中充满了诸多可供他们观察、领悟、体验及创造性转化的元素。就像普利策奖获得者赛珍珠（Pearl S. Buck）所说："在高度敏感的人眼里，世界更加丰富多彩，更激动人心，更有悲剧性。"

敏感之人往往能捕捉到他人未曾留意的细微之处，在其他人认为随机的事情中发现规律，在日常生活的细枝末节中发现意义和隐喻。这样的特质自然催生了富有创意的表达。若将创造力比作连接世间万物的桥梁，那么敏感者的世界便布满了更多的节点，提供了无限联结的可能。就像心理学家伊莱恩·阿伦（Eiaine Aron）所阐述的敏感性是人格的一个基本维度，高敏感的人会加工更多的感觉输入，注意到内部环境和外部环境中更多的状况。这类人群通过从事创造性工作，有效疏导他们的精力与情感，并从这些经历中提炼出深刻的意义感，故而，高度敏感的性格特质往往使他们更加胜任富有创造性的工作。

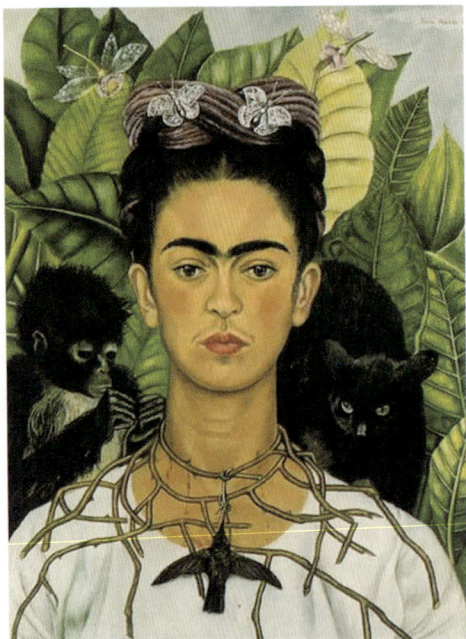

图2-4 弗里达·卡罗《带荆棘项链和蜂鸟的自画像》（1940）

（九）把逆境变成力量

很多艺术家都曾在悲伤和困苦中创作出不朽的艺术作品，例如，弗里达·卡罗（Frida Kahlo）的创作就是在逆境中诞生的。弗里达·卡罗的一生是与痛苦和挑战抗争的一生，但她通过艺术将这些经历转化为不朽的杰作，展现了她坚韧的精神力量（图2-4）。

"逆境中诞生的艺术"是世界上许多杰出的创意人士生活中的共同主题。无论是荷兰艺术家文森特·威廉·梵高（Vincent Willem van Gogh）还是日本艺术家草间弥生，他们都曾饱受疾病之苦，但正是艺术的创作，让他们得以将逆境转化为前行的力量。佛教故事中有一句话："无泥不生莲。"即莲花虽然生长在污泥之中，却能开出纯洁无瑕的花朵，这个比喻用来说明即使在不完美的环境中，也能培养出纯净和高尚的品质。象征着从痛苦中汲取慈悲，从失落中领悟理解，从克服困难的过程中发现自身的强大与美好。当然，这并不意味着只有经历苦难才能成就伟大的艺术，而是告诫我们，即使面对逆境，也不应轻言放弃，而应化痛苦为动力。因为逆境往往迫使我们重新审视自我，这一过程本身就蕴含着强大的力量和无尽的创造力。

（十）以不同的方式思考

在生活中培养独立思考、拒绝盲目跟风的态度，能够推动形成有利于创造力的人格特点与思维模式。任何敢于突破传统框架的活动，都能激发大脑的非传统思考路径。例如，跨文化体验、尝试不同的通勤路线、观赏非熟悉的艺术展或电影、聆听新风格的音乐等，都能有效提升思维的灵活性和开放性。这些"用新奇体验刺激大脑"的做法，能够帮助我们挣脱固有思维模式和分类的束缚，以全新的视角去思考问题。例如，波普艺术采用了一种创新的手法，将日常生活中最普遍的元素融合在一起，为其赋予了艺术性的解释，并将这种高雅的艺术创作与广大民众的日常生活紧密结合（图2-5）。

创造力不仅局限于创新活动或艺术创作领域，它影响着我们的生活方式，使我们能以富有创意的方式应对生活中的各种挑战。我们都具有梦想、探索、发现、构建、提问和寻找答案的能力，换句话说，成为创造者并非天才独有的特权，而是每个人通过后天培养都能达到的状态。遵循以上十大策略，你将激发内在的创造力，随时随地捕捉那些灵感的闪现，让自己成为一个充满创意的人。

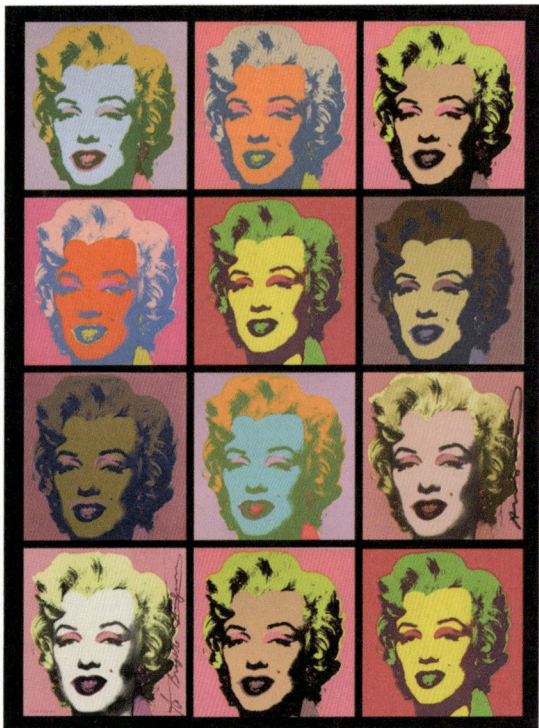

图2-5 安迪·沃霍尔《玛丽莲·梦露双联画》（1962）

二、构建素材库

在第一章里，我们详尽探讨了创意的本质——它是基于对现实事物的理解与认知，进而衍生出的一种新颖抽象思维及行为潜能。创造性思维并非无根可循，创意的素材源于日常生活的点滴积累。由于每个人的生活经验独一无二，个体依据自身经历和视角，构建出个性化的知识体系，因此，每个人的创意素材库也展现出多元、各异且丰富的特点。当你有幸遇见一位拥有有趣灵魂的朋友时，你会发现他一定是拥有丰富的个体经验、对世界多元维度有着深刻理解，才会使他涌现出独特的个人魅力。因此，我们需要丰富自己的知识体系，开阔视野，构建属于自己独有的素材库。

人从诞生之日起，便生活在经人改造的世界里，灵感的素材广泛而深远，它存在于人类生存与发展所依赖的自然界，以及人类自身创造的非自然世界。对于设计师而言，无论是自然界的鬼斧神工，还是人类文明的璀璨成果，都是激发创意、引领创新的宝贵资源。因此，深入探索并理解这些自然与非自然的要素，成为设计师们不可或缺的创作灵感与客观研究路径。

（一）自然要素

远古时代起，原始人类便以大自然为导师，汲取生存智慧与创意灵感，逐步构建出今日的世界。在这一过程中，人类对自然的深刻研究、巧妙利用与模仿学习，催生了无数创新与发明，证明了自然是创意灵感最为丰富且无尽的源泉。我们可以从自然界的各个维度——包括系统运作的奥秘、结构的精妙布局、形态的千变万化及色彩的绚丽多姿中，获得深刻的观察与启发。为了更全面地搜集支撑创意的素材，我们可以从以下三个关键领域进行深入挖掘：一是可以聚焦于自然界的法则与规律，这些原理揭示了宇宙运作的深层奥秘；二是自然界中的生物多样性及生态平衡同样构成了宝贵的灵感库，它们展现了生命形态的多样性与精妙平衡；三是自然界的美学特质也值得我们仔细探索，无论是宏大的自然景观，还是细微的动植物纹理，都能激发我们无限的审美想象与创造力。

1. 自然界系统

从食物链到水的蒸发降落，自然界本身就是一个自循环系统。这个自循环系统展现出了地球生态的复杂与精妙，每一个环节都紧密相连，共同维持着整个生物圈的平衡与稳定。例如，食物链作为生态系统中的基础结构，通过生物之间的捕食与被捕食关系，实现了能量与营养物质的传递与转化。笔者曾用食物链循环作为艺术创作的灵感，将嘴巴和手结合在一起，表达劳动过程中能量的转换（图2-6）。

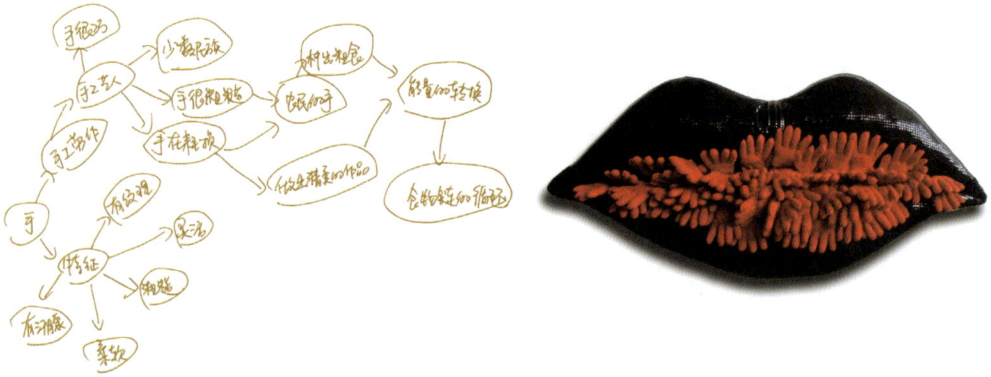

图2-6　以食物链循环为主题的艺术创作（作者：谢雪君）

水的蒸发与降落过程，是水循环的关键环节，它不仅调节了气候，还影响了地表的形态与生物分布，为生命的繁衍提供了必要的水分条件。在这个自循环系统中，太阳的能量起到了至关重要的推动作用。阳光照射使地表水体蒸发，形成水蒸气进入大气层。随后，这些水蒸气随着气流运动，以云、雾、雨、雪等形式降落到地表，完成了一次水循环（图2-7）。这一过程中，水不仅滋养了万物，还参与了地球表面的物质交换与能量流动，促进了地表形态的不断演变。

图2-7　水循环示意图（作者：朱芷莹）

法国设计师马修·勒汉纽尔（Mathieu Lehanneur）设计了名为"本地河流"（*Local River*）的概念产品（图2-8），展现了一个微型生态系统，这个系统基于水培农业的原理，通过一个结合了养鱼和种植蔬菜的系统，即植物和鱼之间的相互依存和交换。植物通过吸收鱼的排泄物中的硝酸盐和其他矿物质来净化水，同时维持生态系统的平衡，探索人与自然和谐共生的理念。

图2-8 "本地河流"概念产品（马修·勒汉纽尔）

自然界的自循环系统有很多个方面，如碳循环、氮循环、氧循环等。这些循环过程共同维持了地球大气成分的相对稳定，为生命的存在提供了必要的环境条件。我们可以通过观察和收集的方式积累自然界的素材，通过各种影像、媒体和书本探知自然并摄取灵感。

2. 自然物

自然界的生物拥有独特的功能性结构，这些结构是其生存意义的体现，同时也是生物机能得以有效运作的基石。因此，仿照生物机能的结构原理，已成为仿生设计领域获取灵感的关键途径。通过解剖与观察，能够直观感知生物体的宏观构造，也可以通过显微镜等高科技手段，用微观的视角，揭开神秘的微观结构（图2-9）。

自然的形态可分为无机形态和有机形态。无机形态主要指的是那些不含有生命特征，且其存在与变化不依赖于生物体生理活动或生物过程的自然形态。这类形态广泛存在于地球的自然环境中，如山川、岩石、土壤、矿物、水流、冰晶等（图2-10）。有机形态则是指那些具有生命特征，其存在、生长、繁殖和变化都依赖于生物体生理活动的自然形态。这类形态主要包括植物、动物、微生物等生物体及其组成部分，如叶子、花朵、枝干、骨骼、肌肉、细胞等（图2-11）。自然形态中的无机形态与有机形态各自具有独有的特征和表现形式，它们共同构成了丰富多彩的自然界。

图2-9　用微观的视角观察植物结构

图2-10　自然环境中的无机形态

图2-11　海洋生物中的有机形态

3. 自然景观

大自然是色彩最为丰富的宝库，从春日的嫩绿到秋日的金黄，从海洋的蔚蓝到夜空的深邃，每一种颜色都蕴含着独特的魅力和情感。自然界的色彩在时间和空间上的变化深刻地影响着人类的感官，四季的颜色与气候、温度、草木衰荣、播种收获等其他层次的认识挂钩，让我们对颜色产生不一样的情绪体验，设计师可以从自然界中汲取灵感，将这些色彩融入设计中，创造出独特而富有感染力的作品。如俄罗斯设计师莉莉亚·胡达科娃（Liliya Hudyakova）以大自然的风景为灵感，设计出了精致而富有灵魂的时装，将日落的晚霞、星空的浩渺等自然色彩完美呈现于服装之上（图2-12）。

图2-12　自然景观为灵感的时装（Elie Saab 2014春夏Sunset）

自然界以其丰富多样，为探索与灵感的汇聚提供了无尽的源泉。自然界作为视觉的宝库，不仅为设计师提供了灵感的源泉，也赋予了设计以生命与深度。因此，无论对设计师还是艺术创作者来说，深入研究和理解这些自然系统、自然物的结构、形态、色彩，不仅有助于我们更好地认识自然、保护自然，还能够为科技创新和设计灵感提供源源不断的动力。

（二）非自然要素

非自然世界是人类通过改造自然以适应生存需求的产物，它是一个融合了物质与人文元素的复杂综合体。在这个人造环境中，我们可以从人群、文化、历史及社会等多个维度来深入探索和思考，来构建灵感架构。

1. 人群

"人群"作为探索对象在创意设计过程中扮演着至关重要的角色，不同的人群有着不同的需求、偏好和生活方式，具有多样的文化背景和价值观。在创意设计中，尊重和融入不同人群的文化元素，人群中的多样性和复杂性为创意设计提供了丰富的灵感来源。通过观察、交流和互动，设计师可以从不同人群的生活经验、情感需求和审美观念中汲取灵感，创造出独特而富有感染力的设计作品。这不仅可以提升作品的文化内涵，还能促进文化多样性的发展。

因此，对人群的认识、观察与分析是寻找创意灵感的手段之一，可从人群的特征、行为、需求三方面着手。面对多样化的个体，我们可以将"人群"界定为一个共享特征的集合体，通过整体分析来揭示并区分其独特的个体特性。在相似背景下，不同个体展现出截然不同的行动模式。例如，在互联网的驱动下，对于日常购物的选择，老年人倾向于实体市场，寻求直观的体验与触感；而年轻人则偏好通过网络进行筛选与电子支付，追求便捷与信息的丰富性。这些行为的差异，是由于个体独有的生活轨迹、需求的多样性，以及他们在拥抱新科技之际所展现的不同理解、态度与适应水平。

现代中国的年轻一代坚守自己国家的文化信仰，从中华优秀传统文化中获取力量。文化自信不仅推动了国潮和古风时尚的流行，还推动了传统文化在多个领域的创新与进步，形成一种独特的时尚潮流趋势。例如，国潮品牌李宁，通过对中国传统文化思想的深度研究和挖掘，不仅在服装设计上坚持了国旗经典的"红黄"配色，还巧妙地将汉字元素融入服装设计中，从而突出了传统文化元素的独特之处，进一步提升了产品的辨识度，成为中国年轻一代所特有的时尚潮流。又如，越来越多的年轻人选择穿汉服等传统服饰，形成了新的"古风"时尚，以十三余汉服品牌为例，致力于"让更多人穿上人生第一套华服"，鼓励更多女孩穿上传统服饰（图2-13）。十三余品牌始终相信，传承文化的最好方法

图2-13　十三余小豆蔻儿品牌的《葡提美人》原创汉服

不是将其束之高阁，而是要根据新时代的风貌将其重新塑造，并融入当下人们的日常生活。这种趋势不仅体现在衣着上，也体现在言行举止中，显示出对中华优秀传统文化的热爱，使汉服逐渐成为一种时尚潮流。有数据显示，2024年中国汉服爱好者数量可能接近或超过1448万人。

这些不同的群体各自展现出独特的着装风格与样式，不仅在服饰上，化妆与造型也是如此。他们以创新和个性化的方式表达自己，对过往设计师推出的一系列作品产生了深远的影响。通过深入观察和体验街头生活，筛选出目前流行的趋势和有趣的元素，并进一步确定那些具有创新性、独特性和引领潮流方向的因素。

2. 文化与历史

在全球化的市场环境中，创意设计的成功往往取决于对多元文化和历史的深刻理解。缺乏文化要素的创意，犹如无源之水，从文化切入必须先了解文化的三个层次，即大众文化、深层文化和高级文化。

大众文化涉及日常习俗、仪式和生活方式，它体现了社会生活的核心动态和集体认同。例如，中国春节时北方人吃饺子、南方人吃汤圆的习俗，展现了大众文化在日常生活中的广泛影响和独特魅力。通过汲取丰富文化内涵与悠久历史底蕴，提炼创意素材，将能显著增强沟通的深度与影响力。深层文化则是指价值观的核心界定，包括时间观念、生活节奏、问题解决策略，以及与性别、社会阶层、职业身份、家庭关系等个体角色定位。深层文化的核心价值与设计风格的形成紧密相连，如北欧的可持续绿色设计就源自当地文化对环境责任与和谐共生的深刻认同。高级文化则包括哲学、文学、艺术和宗教等精神追求，共同构筑了人类文明的丰富层次。深入理解高级文化，设计师能够灵巧地汲取其精髓，从而决定设计的深刻内涵与卓越境界，而设计大师们往往对哲学、艺术、文学等领域拥有深刻且独特的见解，这正是他们作品能够脱颖而出的重要原因。

深入了解文化与历史对创意设计有很大的帮助。文化的影响渗透在生活的方方面面，从对本国文学、艺术及音乐的欣赏，到对其他国家民俗与文明的欣赏。设计师通过感受异国文化寻找创意，发掘无穷无尽的灵感源泉，这些灵感能转化为色彩、面料、印花以及服装造型。例如，传统纹样与现代时尚的结合，在Vivienne Tam 2024秋冬系列中，传统中式服装中常见的侧扣、宽袖、立领被大量应用，龙、凤、汉字等中国传统文化元素以印花、刺绣等形式呈现（图2-14）。设计师还可以从文学作品中汲取灵感，借用它作为系列设计的故事情节。当下的艺术展览也可能对设计师的调研素材收集与创作实践产生深远影响。时装设计要求设计师熟知历史，以此为文化基础推动设计理念与技术的革新。

此外，历史的影响也渗透在各种文化的设计学科之中。通过调研历史资料，挖掘服装史或古代服装中的元素，审视古代服装将使你对那个时期的流行趋势产生深刻的

图2-14　Vivienne Tam 2024秋冬系列中国传统
文化元素的应用

认识，设计师可以获得宝贵的灵感源泉和创作素材。服装史为设计师提供了从造型、缝制工艺到面料选择、装饰手法等多方面的信息，帮助他们在设计中融入历史的印记和文化的底蕴。在跨文化的背景下，设计师可以通过探索不同文化、不同历史时期的元素，将其巧妙地融合在作品中，创造出既具有时代感又富有文化内涵的设计作品，这种对多元文化及历史的理解有助于打破文化隔阂，增进不同群体之间的理解和尊重。

3. 社会、跨界与可持续

社会，是由人与人形成的关系总和，也是人与环境形成的关系综合。人类的生产、消费、娱乐、政治、教育等，均是社会活动的多元面向，共同编织着人类社会的复杂体系。"社"象征着由个体聚合而成的集体，"会"则描绘了人们聚集的特定场所，合并即为"在特定区域内集结而成的团体"。社会，这一由特定环境孕育、成员间紧密相连、彼此依存、不易变动的群体结构，是人类共同生活的基石。从社会学视角审视，人类社会的核心在于人与组织的交互与结构。

我们置身于一个日新月异的社会洪流中，每一个细微的变化都可能成为推动历史进程的关键力量。我们不仅要有敏锐的观察力去捕捉那些稍纵即逝的瞬间，更要有深刻的洞察力去剖析其背后的深层逻辑与长远影响。深入历史的脉络，从历史的长河中汲取智慧与经验。那些曾经辉煌或衰败的文明，那些引领或阻碍社会发展的思想，都是我们今天前进道路上的宝贵财富。通过回顾历史，我们可以更好地理解当下的社会现象。

在这个信息爆炸的时代，新的技术、新的观念、新的生活方式层出不穷。我们要保持开放的心态，勇于接受新事物，敢于挑战旧观念，才能在时代的浪潮中乘风破浪，引领潮流。还需要我们具备前瞻性的眼光，在纷繁复杂的社会现象中，找到那些决定未来发展的关键因素，预测其可能带来的变革与影响，以动态的视角审视过往、把握当下、前瞻未来，以此多元视角洞悉社会全貌，汲取创意灵感。这些灵感可能来自历史的长河，也可能来自当下的潮流或对未来的预测与想象，它们将激发我们的创造力，推动我们在不同的领域里不断前行，为社会的发展贡献自己的力量。

在多元代背景下我们要学会将不同领域的知识与技能相互融合，创造出新的价值与可能。因为在这个全球化时代，任何单一领域的发展都离不开其他领域的支持与配合。只有打破界限，实现跨界合作，才能共同推动社会的进步与发展。就如荷兰服装设计师艾里斯·范·荷本（Iris van Herpen）推出的Earthrise系列，将数字科技、时装、艺术和环保材料跨界结合在一起，将海洋垃圾作为原材料，利用3D打印技术，创造出充满未来主义的高定系列（图2-15）。这些作品不仅重新定义了"未来服装"，也体现了数字化跨界破壁的力量，同时传达了对环境保护的关注。

图2-15　艾里斯·范·荷本在2021巴黎高定时装周上推出的Earthrise系列

当今高速发展的社会所产生的时尚观念引发的问题是不能忽视的。时尚行业为社会的进步做出了不可估量的贡献，它为了满足人们的需求，提供了各种工作机会和产品。然而，时尚行业通过廉价的劳动力以及消费至上观念的推动，不仅对个体的心理和生态产生了负面影响，也给社会带来了广泛的破坏。在当今社会的背景下，人们往往对炫耀性消费及"快时尚"风潮过度热衷，这种倾向容易使人们误解时尚的本质，将其视为浅薄的象征。

要想构建一个更加可持续的未来，关键在于提升工人、消费者、设计师及制造者的整体素养，从而优化时尚产业的生态环境。时尚企业应当确保其活动对自然资源和生态系统的影响维持在可持续的水平上，当前的首要任务是削减制造过程与时尚消费中产生的负面影响。作为设计师，我们有责任采取积极行动，比如选用有机新型面料、研发新技术以及应用低污染染整技术，这些都是减轻时尚产业对全球环境负担的有效举措。

在整个设计过程中，设计师应当重视可持续发展的重要性，这样做不仅能让你更深入地了解和捕捉到这个领域的最新潮流趋势，而且可持续发展也将成为一个重要的界限。为了给时装和纺织业带来改变，我们应当勇于尝试并从中获得灵感，进一步思考可以采取的各种措施，思考如何为打造一个可持续发展的未来做出实质性的贡献。

第三节　主题调研

很多人有误区，认为设计主题确立了，马上就可以拿起笔和纸一边想一边画稿，其实很多时候都是画不出来的，相信大家都有这样的体验。在这个设计阶段初期，我们的创意往往源自脑海中残留的一些零碎记忆与过往印象，这样的初步构思往往显得粗糙且缺乏深度，难以孕育出真正杰出的设计作品。因此，在明确设计主题之后，我们的工作还远远没有结束。接下来，至关重要的是进行一系列的主题调研活动。

设计师在设计中往往会展现出时代的精神风貌，而这种风貌的集中体现就是时尚。因此，设计师需深入挖掘并精心探讨新的灵感来源及其在设计系列中的诠释手法。这一过程中，调研工作显得尤为重要。实质上，主题调研是一个深入探索的过程，它使设计师能够全面理解主题的各个维度，丰富其背景知识储备。在此基础上，设计师能够进行更为深刻和周全的思考，这些均为设计工作展开前不可或缺的准备工作与先决条件。

一、调研的类型

调研是指对过去事物进行深入的研究，从中学习新的知识，总结经验，它常常被看作探索的起点，它涉及阅读、参观和观察，最关键的是它代表了信息的记录。

调研涵盖三种类型的调研，从这三种类型入手进行详尽探究，将为你构建独特设计概念提供坚实的基础。调研工作应当既广泛又深入，才能激发创新思维，而非仅仅是对现有灵感来源或设计系列的简单复制或模仿。通过这样的调研过程，能有效推动设计创新理念的出现。

第一类收集是指收集系列设计所需的形象化的灵感素材，设计师会收集各种视觉素材，如图片、照片、绘画、手稿、自然景观、艺术作品等，这些素材能够激发设计师的创意思维，这对于确定系列的主题、情感基调或概念都是非常有助益的。第二类搜集那些对于自己的系列设计而言既真实可用又能实际操作的材料，如一些相关的实验小样、面料、辅料、装饰物以及纽扣等组件。第三类是最为核心的一环，它与所服务的目标群体息息相关。作为设计师，深刻洞察并清晰界定你的设计目标群体，包括他们的生活方式、偏好以及兴趣所在，是设计过程中不可或缺的一环。这不仅是对个体需求的深入理解，更涉及对整个市场趋势及竞争对手的广泛调研与分析。

尝试进行这三个维度的调研，为自己构建个性化的设计理念奠定坚实的基础。不妨将调研资料视作一本个人日志，记录自己的身份特质、兴趣所在，以及特定时期内社会上发生的种种事件。从流行趋势到社会变迁，再到政治动态，这些元素都将被一一收录，这些都将对创意系列设计产生深远影响。这些调研日记中编辑的信息都有可能为自己现在和将来的创意工作提供宝贵的参考资料。

二、调研的目的

我们已经把握了调研的本质，接下来要深入理解调研的核心目的。对于那些富有创意的设计师来说，进行调研能够激发他们的创意灵感，并在过程中为我们指明设计的方向。当你将想象力引导并集中于一个概念、主题或方向之前，应该先收集各种不同的参考资料，探索各种能够激发你兴趣的创作方法，以发掘各种不同的创作可能性。

对主题进行深入调研有助于你开拓更为宽广的学科知识。经过深入的调查研究，你可能会遇到一些之前完全不了解的资料或者发现一些创新的方法和工艺。这是一个很好的机会，它能帮助你深入了解兴趣领域，并进一步拓宽你对周围环境的洞察和了解。因此，调研是一项极具个人色彩与独特性的任务。尽管设计团队内的每位成员都可参与其中，但往往只有个别成员能凭借其创造性的想象力脱颖而出，占据主导地位。

调研体现了你对世界的观察维度和思考方式，它赋予你独特的视角，使你在同行业中能够独树一帜。你也可以将其比喻为记录人生精彩瞬间的私密日志，这本日志向他人展示着那些能够触动你灵感、在你生命中留下烙印的信息与资料。这种信息是指那些可以被拆分为一组一组不同类别的事物，他们不仅能为系列设计提供各种不同的组成元素，还能激发你的创意灵感。

三、调研的内容

调研的过程如同一剂激发大脑活力的催化剂，能够触发创意灵感的迸发，让脑海中关于服装设计的造型、色彩、细节等影像逐渐变得鲜明而生动，让你的设计仿佛呼之欲出。

（一）造型和结构

从定义来看，"造型"是指具有明确的外部边线的区域或形状，并且具有可识别的外观和结构，此外，还涵盖了构成物体的基本构造框架。在调研与设计过程中，造型占据着至关重要的地位，因为它们能够为设计者提供转换到人体之上和服装之中的潜在创意。缺乏造型，时装设计中的"廓型"便无从谈起。

为了有效地支撑造型，我们必须深入考虑结构问题以及物体的构成原理。深刻理解各部件如何支撑起整体造型的原理至关重要，而这些结构要素又能进一步融入时装设计之中。不妨思考一下，大教堂或现代玻璃建筑的穹顶造型与19世纪女装中克里诺林裙撑的结构，是否蕴含着某种共通之处（图2-16）。

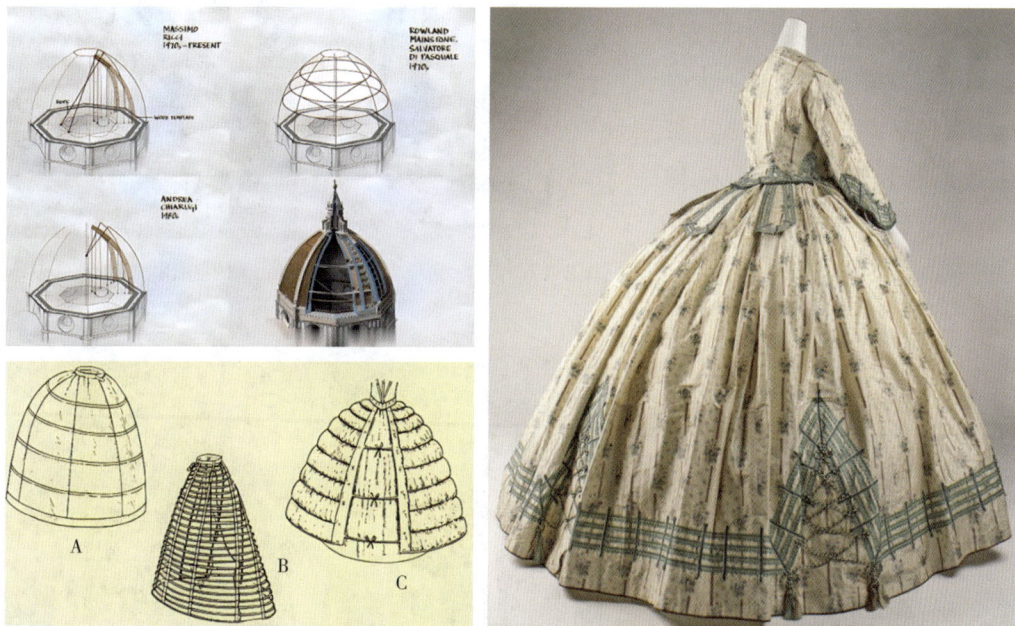

图2-16 大教堂建筑的穹顶造型与19世纪女装中克里诺林裙撑

（二）色彩

在调研与设计的全过程中，色彩是较为重要的板块，它往往是吸引人们注意设计作品的首要因素，并深刻影响着服装或系列设计给人的整体印象。自古以来，色彩便对我们具有非凡的魔力。在我们的穿着打扮中，色彩不仅能反映出我们的个性、性格与品位，还能传递出关于文化背景、社会地位等重要信息。

对于设计师而言，色彩往往是系列设计的出发点。它能够奠定设计的基调并决定其季节性。针对色彩所采集的调研资料，应该既包括一手资料，也包括二手资料。设计者可以根据自身灵感对其进行组合搭配，创造出丰富多样的色彩组合。

灵感的源泉是无尽的，因为我们生活在一个色彩斑斓的世界里。例如，自然界为我们提供了丰富的色相、明暗与色调组合，这些都可以转化为设计过程中的色彩素材（图2-17）。当然，灵感也可能源自某位艺术家、一幅独特的油画，或是历史上的某个时期。如图2-18所示为路易丝·布尔乔亚（Louise Bourgeois）的作品，她的雕塑和绘画作品大多来自女性身体美感的启发，她的可穿戴雕塑后来被不少时装设计师转化为时尚元素出现在真正的秀场上，如川久保玲、侯赛因·卡拉扬（Hussein Chalayan）。

图2-17 吉尔·舍曼（Jill Sherman）的自然生物元素服装设计

图2-18 路易丝·布尔乔亚作品及秀场上的可穿戴雕塑元素

（三）细节

在进行调查与研究时，不仅要重视造型的灵感来源，也要考虑细节这类实用性元素的灵感来源，只有溯其根源，了解其内涵，才能更好地设计并创新这些细节，这是至关重要的。服装的细节可以指服装的任何一处位置的处理，如明线的位置、口袋款式、固定材料以及袖口与领口的形状等所有方面。服装的细节设计与整体轮廓同样关键，因为当近距离审视服装时，这些细节往往成为其独特魅力的所在。因此，为了创造出经得起时间考验的好设计，将这些细节元素巧妙融合是必不可少的。如图2-19所示，在罗意威（Loewe）2018秋冬秀场上，腰间的彩色毛线缠绕作为亮点，让本来是纯色搭配的造型增彩，毛线除了被用来织成针织产品外，也可以单纯利用其自身带有的质感与颜色，把它作为材料与机织面料进行结合使用，罗意威则巧妙地利用了这一点，做出了简单却又精彩的设计。

在设计过程中，细节元素的调研与收集可以来源于很多不同的地方。可以是你对军服外套的袖口及口袋设计的探究，或者是从历史服饰中汲取灵感的元素。这些元素也可能源自更为抽象的灵感源，如从自然界中的生动形态中获取口袋造型的启示。无论是单品服装还是整个系列的设计，细节灵感的选取应当基于你从各种不同类型的调研材料中精挑细选的结果。尽管细节元素可能不会立即显现，但重要的是，要认识到它们在设计过程中扮演着不可或缺的角色，并且是你深思熟虑后的结果。

图2-19 罗意威2018秋冬系列运用针织毛线的服装细节

（四）肌理

肌理指的是物体表面能唤起我们触觉感受的质地。通过不同肌理的明暗图案，观察者无须实际触摸物体，也无须对物体表面进行描述，就能感受到强烈的视觉冲击力。对于时装设计师而言，对肌理的深入调研最终会转化为对面料多样质地及后处理效果的探索。在服装设计过程中，人体对事物效果的审视和感觉有许多不同的方式，而这一方面的灵感则可以源自多种不同的素材。

肌理调研往往能为面料再造提供新的灵感，服装的风格和潜在造型将决定面料的处理方式。如图2-20所示，中国设计师Aqua Lixun Su在"拿手好戏"系列设计中巧妙地从父亲的皮夹克与棋盘格印花领带中汲取灵感，并将其融入针织面料的设计之中，通过重叠的针织结构与局部的立体剪裁，作品展现出既细腻精致又不落窠臼的风格，同时洋溢着前卫的未来气息。

图2-20　Aqua Lixun Su "拿手好戏" 系列设计服装作品

（五）印花和表面装饰

在调研阶段，你可能会搜集大量蕴含天然纹理或装饰图案的信息与资料，并尝试将这些元素转化为印花设计与肌理拓展的新方案。这些天然的纹理与图案本身就极具装饰性，通过围绕设计概念来装饰、调整纹样，可以使其展现出不一样的美。表面的质地也会暗示出肌理表现的变化手法，如刺绣、伸缩线迹、贴布绣和珠饰镶嵌等。对面料或服装的表面处理，可以转变其外观质感，营造不同的触感，并传达出灵感来源的情绪氛围。

越南设计师Nguyen Cong Tri以传统手工艺为基础，创造出具有实验性的先锋服装，具有独特的艺术审美。在他的系列设计作品中，运用了激光切割、手工打褶、针织、珠绣、手绘等手法，将现代科技和传统手工艺相结合（图2-21）。

图2-21　越南设计师Nguyen Cong Tri 2017秋冬发布

（六）当代流行趋势

对社会环境和文化潮流的敏锐把握是作为一名设计师必须具备的能力。针对特定目标群体进行服装设计，需密切关注全球变化、社会趋势、政治局势及生活理念等。紧跟潮流不仅是意识行为，更是与时代精神相契合的能力。时尚趋势作为年度风格指南，为设计师提供了丰富的灵感源泉与深刻启示。

时装周及各大品牌的发布会是展现时尚潮流的关键平台，帮助设计师洞悉最新的时尚动向，这属于"自上而下的传播效应"。在此基础上，设计师可以发挥个人独特的创意与想象力，创造出独特的设计作品。

"自下而上的传播方式"则揭示了大众行为、个性化兴趣及亚文化社群如何反向塑造主流文化。这一过程常依赖于音乐、电视及社交平台等媒介的广泛传播，成为时尚与传媒界一股新兴力量。紧跟这一趋势，时尚预测机构与流行趋势杂志是便捷的资讯来源，但重要的是要培养对街头文化的敏锐嗅觉和深刻洞察。深入探索社交媒体平台尤为关键，因为这些平台是亚文化兴起与扩散的温床，时尚博主每一个热门话题都可能预示着下一个时尚趋势的诞生。设计师对这些平台需保持持续的关注，捕捉初露锋芒的创意，理解其背后的文化意义与社会心理，从而更精准地预测并融入未来的时尚潮流中。例如，REVOLVE[1]品牌通过KOL营销并非传统广告模式，成功推动时尚行业和自身业务发展。通过浏览Instagram主页，可以看到REVOLVE线上和线下的营销场景中，REVOLVE始终保持着高参与度。对于千禧一代而言，吸引他们的不仅是服装本身，更是品牌所传递的生活方式（图2-22）。

图2-22 REVOLVE Instagram

---

[1] REVOLVE为美国轻奢时尚购物网站。

（七）有形素材的调研

与视觉灵感素材的搜集相似，时装设计师在系列构思阶段需深入挖掘具象化设计理念。设计师需深入思考如何以衣物覆盖、包裹、防护及美化人体，这一过程离不开对材料的认知与运用。在创意初期，调研工作可聚焦于多元化素材的探索，无论是新型科技材料、传统天然材质，抑或古董纽扣、蕾丝等装饰元素。例如，一件历史服饰面料再造工艺、肌理表现或表面装饰技法，均可能成为激发新灵感的源泉。

从文化探索的角度而言，设计师还应广泛搜集那些能够激发后续创新变化与全新解读的人造物品。这些实体素材，不仅能帮助设计师深入理解服装材料的应用与功能，更能在后续创作中持续激发灵感。通过实物调研，设计师可将理论与实践紧密结合，从而在设计中更精准地运用这些素材，创造出既具深度又富创意的作品。

第四节　调研分析

调研手册作为分析工具，其功能是呈现一系列设计构思及思考历程。它并非简单的图片剪贴簿，还是一个学习、记录和处理信息的地方。在调研手册中应采用多样化的表现手法来有效传达信息，鼓励创新的尝试。当收集到大量的有效信息后，就可以进入调研分析环节了。

为了获得初步的分析成果，需要从搜集的众多资料中抽取出关键的造型元素，并借助多种工具进行草图绘制，包括细节与轮廓的探究、简洁的白描线稿以及结构细节的描绘，还应涵盖对肌理、图案及潜在装饰手法的探索与尝试。草图绘制不仅可以在人体上绘制，还可以对收集到的信息资料进行简洁的描述。

色彩研究需结合调研素材展开，通过综合运用各种绘画工具，并从这些素材中提炼出色彩的基调和组合来实现。在进行调研时，与肌理和面料再造有关的初步观念也应当被纳入考虑，并且这些观念能够为面料设计提供初步的创意灵感（图2-23）。

在调研分析的过程中，另一个重要步骤在于尝试将初步构思的服装造型从研究阶段推进到实践层面，具体做法是在小型人台或完整人台上进行三维模型的塑造。这有助于通过对所收集信息的实验性转换，直观地预见服装概念的发展潜能。在此过程中，利用摄影记录和草图描绘的方式，能够捕捉并固定这些三维造型的关键特征，这对于整个调研与设计流程而言，是极具参考价值的一环（图2-24）。

图2-23 调研分析中色彩与图案的提取

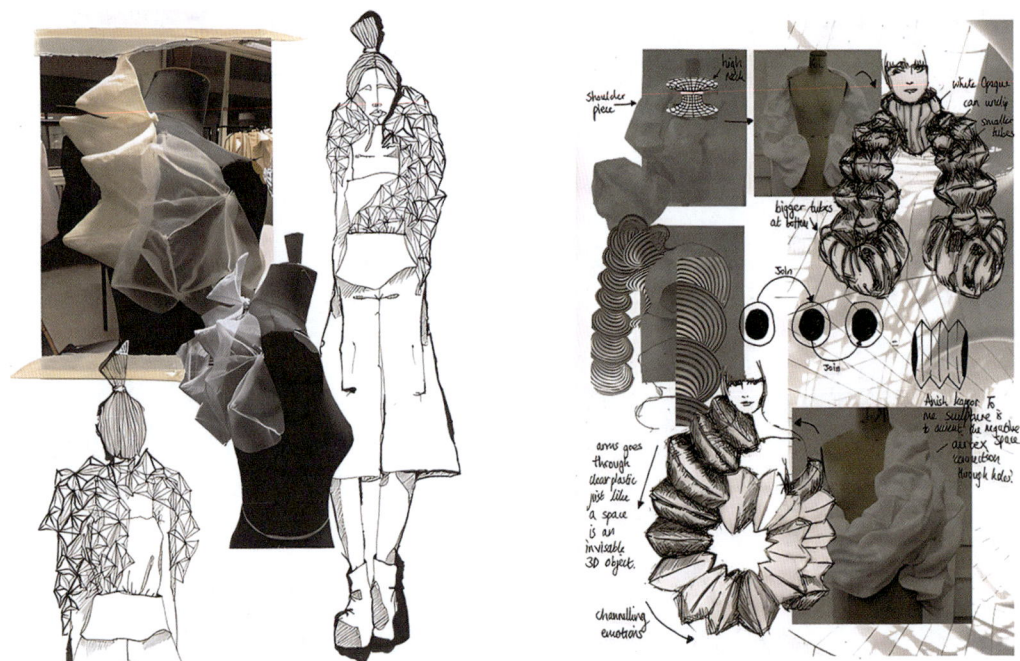

图2-24 通过在人台上进行立裁而获得更具创意的服装造型

　　通过系统的调研分析、信息整合，设计师可逐渐明确产品的设计方向和设计重点。这一流程不仅为设计师提供了创意的灵感与资料的支撑，更能筛选出系列设计的关键设计要素，包括造型轮廓、色彩搭配、面料与辅料选择、工艺细节、印花图案设计以及装饰技术等关键环节。

　　接下来的阶段则是运用手稿图册来聚焦思维，并创作出一系列效果图。这种对核心元素的聚焦可以通过一系列的基调板、故事板或概念板的方式来展示。这能帮助设计师进一步浓缩并提炼设计概念，还能直观地展示设计的核心理念、色彩搭配、材质运用以及整体氛围，逐渐锁定那些最能体现设计师设计理念的元素和细节。

随后可以开始着手绘制详细的效果图，这些效果图将基于前面确定的核心元素进行创作，展现服装穿着时的完整风貌和细节处理。每一幅效果图都应是一次精心策划的视觉叙事，讲述着设计背后的故事和所要传达的情感。在这个过程中，还可以利用数字工具来辅助设计，如使用绘图软件来绘制更加精细的效果图，或是通过三维建模软件来预览服装的立体效果。这些技术手段不仅能提升设计效率，还能使设计过程拥有更多的创意自由度和表现力。

通过这一系列的创作过程，你将获得一套完整且富有感染力的设计作品集。它不仅展示了你对设计元素的精准把控，还充分展现了你的创意才华和设计理念（图2-25）。

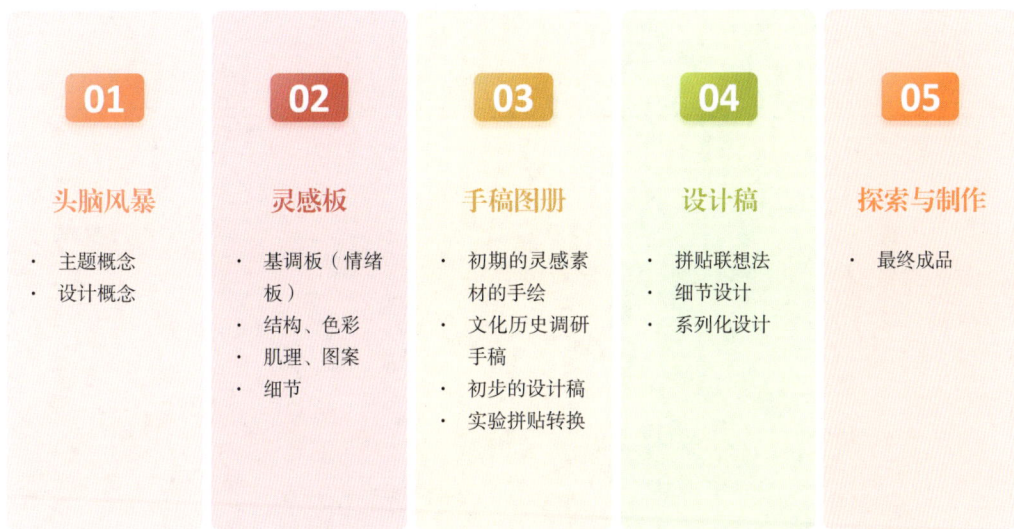

01 头脑风暴
· 主题概念
· 设计概念

02 灵感板
· 基调板（情绪板）
· 结构、色彩
　肌理、图案
· 细节

03 手稿图册
· 初期的灵感素材的手绘
· 文化历史调研手稿
· 初步的设计稿
· 实验拼贴转换

04 设计稿
· 拼贴联想法
· 细节设计
· 系列化设计

05 探索与制作
· 最终成品

图2-25　一本完整的调研手册应该有的内容

小结

本章系统解析了创意服装设计的全流程，包括从灵感捕捉、到设计落地的核心环节。通过灵感来源、主题调研、调研分析，完整呈现了创意服装设计的全过程。通过介绍主题调研类别、调研的目的及内容，掌握主题调研的方法，以便在设计过程中做出更加明智的决策。在完成调研后，还需要对收集到的信息进行整理和分析，提炼设计要点等步骤，为下一环节奠定坚实的基础。掌握了这一整套的创意设计流程，就可以开始制作你的调研手册了。

课后作业

1.记录灵感搜集过程，包括灵感来源、灵感内容和灵感转化的初步想法。

2.对选定的项目主题，进行主题调研。根据调研结果，尝试将调研成果转化为设计元素，可以是草图、面料样本或色彩方案，制作你的调研手册。

第三章
服装结构的创新

课题名称： 服装结构的创新

课题内容： 1.服装结构基础知识

2.服装结构与解构

3.新结构的诞生

课题时间： 8课时

教学目的： 通过本章的学习使学生了解服装结构设计的基本原理和知识，帮助学生理解服装结构与解构的设计理念，包括如何通过结构创新来表达设计意图和提升服装的功能与美观。培养学生的创新思维，鼓励他们探索和实验新的服装结构，以创造出独特的设计。

教学要求： 1.需要了解服装结构设计的基本概念。

2.理解结构主义和解构主义的设计理念。

3.掌握造型拼贴法、减法裁剪法创造新的廓型。

课前准备： 1.阅读相关章节，了解服装结构的基础知识。

2.将调研的项目主题收集的资料打印出来，准备sketchbook绘画软件、剪刀、固体胶、彩色铅笔等工具，以便在课堂上进行实践操作。

服装结构是指服装各部件之间的组合方式，包括整体与局部的结合、各个部分的外部轮廓线、内部的结构线，以及不同层次的服装材料的组合方式。服装的构造是由其外观和功能所决定的，而服装结构的革新则要求我们不仅要掌握扎实的基础框架与要素，还需探索并融合创新的思维理念与技术手法。这一过程是在深刻理解传统与现代、美学与实用之间动态关系的基础上，突破既有界限，重塑服装结构。

第一节　服装结构基础知识

服装的构造并不一定要有结构，在其漫长的发展历程中，曾经出现过没有结构的历史。根据历史文献的描述，从古埃及时代延续到欧洲古罗马时代的尾声，在这几千年的时间里，存在一种特定的披挂式服饰设计。披挂式服装通常是由一块或多块衣料构成，基本不需要裁剪或是稍加缝制即可，通过缠绕或悬挂的方式包裹在人体上，或者通过腰带将其固定在身体上，一旦与人体分离，基本看不出其外轮廓。

古希腊人称作"希顿"（Chiton）的服饰便是最具代表性的无结构设计。"希顿"有两种普遍的样式，一个是增加了一层折返的多利亚式希顿，而另一个则是从肩部到袖口固定间隔的爱奥尼亚式希顿（图3-1）。

图3-1　古希腊时期的多利亚式希顿和爱奥尼亚式希顿

服装结构萌芽于14世纪，后人在格陵兰岛考古发现了一件长衣，见证了这一时期欧洲服装从二维平面裁剪向三维立体裁剪的转变。这一服装史上里程碑式的长衣被称为"格陵兰长衣"（图3-2）。格陵兰长衣的特别之处主要有两点：一是采用了分片裁剪。它的衣身前片和后片在肩部缝合，两侧及前后共有12块三角形插角布，袖子腋下各有2块插角布，整件服装共由20个衣片组成，并出现了前所未有的侧身衣片的结构形式。二是省缝技术的应用。

图3-2　格陵兰长衣

每一块侧身衣片上端都采用省缝技术，这一技术不仅极大地提升了服装对人体曲线的贴合度，使之更加贴合身形，而且减少了不必要的重量与累赘，还重塑了服装造型，成为三维立体裁剪的起点，它的出现标志着近代三维空间构成的窄衣基型的确立，对后续西方服装演进、服装立体造型奠定了基础。

在格陵兰长衣出现以前，东西方服饰均采用平裁的服饰结构形式，平裁是一种平面裁剪方法，它与西方的立体裁剪（简称"立裁"）相对应。平面裁剪这一结构形式在我国一直延续至现代，直到清末民初，宁波的"红帮裁缝"开始向欧洲人学习西装裁剪技术，并逐渐向全国推广和发展，由此传统的平面结构才开始发生根本改变。在中国服装史上，"红帮裁缝"创立了五个第一：中国第一套西装，第一套中山装，第一家西装店，第一部西装理论专著，第一家西装工艺学校。

历经数百年的发展与迭代，服装裁剪技艺从以平面衣片为基础的传统模式，逐步进化至追求立体形态的高级阶段。这一过程见证了服装结构技术的日益精进与成熟。最终，这一转变促进了近现代东西方服装结构体系的趋同，实现了从各自独特到广泛共通的转变。

一、服装结构的构成方法

服装的构造方法可以分为两大类：一是服装平面构成法，二是服装立体构成法。

服装平面构成法是一种简便、高效和精确的绘图方法，通过人的思维来分析人体的实际尺寸，然后将人体的三维立体关系转化为服装纸样的二维关系，并通过定寸或公式来绘制平面图形（图3-3）。然而，在绘制过程中，由于纸样与服装之间缺乏明确和立体的对应关系，限制了从三维数据到二维设计的转换，进而影响了从二维设计到三维成衣的准确度。

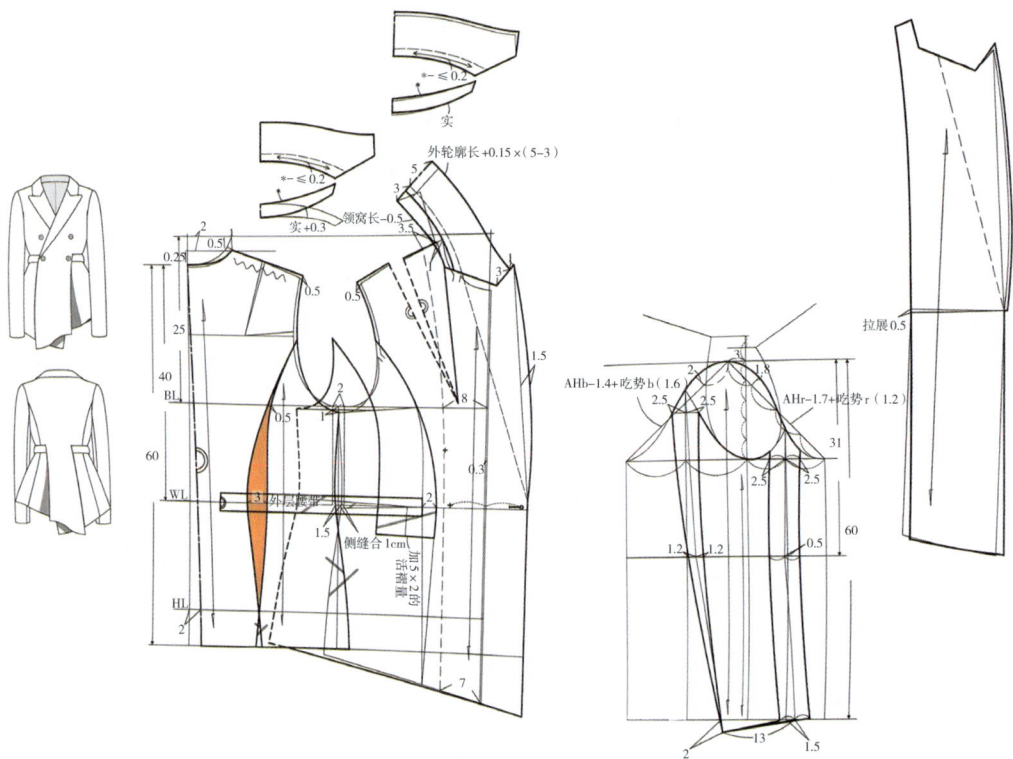

图3-3　服装平面构成 [1]

　　服装立体构成法也称为服装立体裁剪，是一种将布料覆盖在人体或人台上，通过折叠、收缩、聚集、提拉等方法来完成效果图所要求的服装主体形态，然后将其展平成二维的布样，最后通过转换变成二维的服装样板，它将服装结构与平面造型完美地结合起来。因此，服装立体构成法更灵活、直观、实用，更具有创造性。

　　这两种方法有很大不同，平面构成法是二维的布样，展现出了出色的直观性，有助于更好地体现和调整设计理念。立体构成法比传统的平面化表现丰富了服装面料肌理的视觉表现力。立体构成法不仅可以创造出平面构成法难以达到的复杂造型，如不对称和多皱纹等，而且在服装立体构成法中，对操作者的技术能力和艺术修养也有极高的要求（图3-4）。

[1] 图片来源：张文斌.服装版型大系：套装[M].上海：东华大学出版社，2018.

图3-4 服装立体剪裁

二、服装结构的功能

从服装结构的起源与发展脉络中，可大致归纳其两大核心功能：一是服装结构旨在实现更贴合人体，使服装不仅便于人体活动，也能展现人体的自然美感与曲线轮廓。为此，需测量人体各部位尺寸，以此为基础确定衣片裁剪的形状与尺寸，包括长度、宽度、角度、数量以及关键部位，如领口、袖窿、腰节等位置及尺寸。二是服装结构还需服务于局部或部件的创新造型，以满足多元化的服装创意需求，进而适应服装设计的多样化趋势（图3-5）。

如果对人体静态进行观察，就可以清楚地划分出头部、躯干、上肢和下肢等四大区域。在各区域中又可分出主要的组成体块，这些体块呈现稳定状态，并由连接点连接，形成人体构造。人体构造特征不仅体现在三维的空间维度上，还体现在各部分的可活动性上。为了将平面化的面料转化为能够贴合并反映人体独特形态的服装，这一过程需遵循一系列精确的步骤。通过分解面料，将其裁剪为多个衣片，此阶段旨在保留设计所需的结构元素，同时去除冗余部分。再通过精心的缝合与连接操作，这些二维的衣片被赋予了从二维空间向三维空间的转换，最终实现服装的立体成型与结构化设计。

（a）Rob Curry立裁作品 　　　　　　　（b）夏帕瑞丽（Schiaparelli）2024秋冬时装

图3-5　服装结构的创新与多样化

在服装结构构建过程中，存在许多关键接缝，关键接缝的缺失将阻碍服装成品的制作实现。这种接缝，被称为结构缝，对于维持服装的形态完整性至关重要。如图3-6所示，通过对服装各部分进行拼接后形成了多条结构缝，这些结构缝对实现服装结构多样化具有重要意义。

此外，还有一类接缝与服装的基本结构关联度相对较低，在生产过程中并非必需，其缺失不影响服装的制作流程，但通过引入这类接缝，能够显著提升服装外观的装饰性和美观性。这类元素则被归为装饰缝或分割线，它们在增强服装视觉效果方面扮演着

图3-6　服装的结构缝

重要角色。例如，韩国设计师Ji Won Choi的过度主义设计中存在着许多装饰缝，用重复的线条作为主要元素，制作了一个既简单又极具功能性的系列，融合了极简主义、

醒目亮丽的色彩、立体抽象的线条、独特的剪裁，创造出独树一帜的设计（图3-7）。

<table>
<tr><td>（a）Ji Won Choi的过度主义</td><td>（b）ROKH 2023春夏系列</td></tr>
</table>

图3-7 服装装饰缝的创意设计

基于服装结构分析，服装构成的部件数量与衣片形态之间存在直接关联：部件越多，衣片间差异显著增大，进而导致服装结构复杂度提升；相反，部件减少则意味着衣片形态趋同，从而简化了服装的整体结构。从服装设计视角出发，结构缝与装饰缝作为关键设计元素，对塑造服装造型及外观效果产生直接影响。简单结构与简约外观体现了一种美学价值，而复杂结构与繁复创意则展现出另一种美学维度。因此，设计者需深入理解结构缝与装饰缝在服装构成中的功能，以实现对这些元素的有效应用，并在设计过程中加以灵活运用。

三、服装造型与结构

"造型"一词在现代汉语词典中的释义是：创造物体形象；创造出来的物体形象；制造造型。就是说，造型既有动词的含义，指创造物体形象的过程；也有名词的含义，是指创造物体形象的结果。

通过分析一张纸的形态演变，我们可以深刻理解"造型"的概念。在初始状态下，纸张作为二维平面的存在，仅包含长度与宽度两个维度，这种状态可被描述为"造形"，与我们所指的"造型"概念并无直接关联。然而，当纸张被卷曲成圆筒或折叠成方盒时，这一过程及其结果则被归类为"造型"。在此过程中，纸张不仅保持了原有的长度和宽度，还获得了第三个维度——厚度，从而具备了三维空间的特性。因此，造型一词通常指的是占据一定空间的立体物象及其创造过程。同样，服装面料在其原始的二维形态下，经过裁剪缝制成为衣物或直接披挂于人体之上，便实现了从二维到三维空间的转换，进而形成了服装造型的概念（图3-8）。

图3-8 三宅一生服装造型由二维空间转向三维空间

就物体的三维特性而言，造型又分为实心体和空心体两类，如圆柱形的原木就是实心体，圆柱形的水管就是空心体。同样地，服装作为空心体存在，不仅占据着长度、宽度及厚度所界定的外部空间，同时内部又具备空间。服装的内空间设计不仅要确保容纳人体的基本需求，还需在服装与人体间预留适当空间，以保证人体能够自由活动（图3-9）。

此外，服饰造型由两大要素构成：整体造型与局部造型。整体造型指的是服装的整体外观结构；局部造型是指服装各个部件或是相对独立的局部形态，如衣领造型、袖子造型、口袋造型、半立体局部造型等。服装的局部造型形式及状态十分多样，有立体型、半立体型、部分凸起的具象型或抽象型等，从而赋予了服饰造型的复杂多样（图3-10）。

图3-9 服装内空间设计（Viktor&Rolf 2024秋冬高定）

图3-10 服装造型局部设计（Jean Paul Gaultier 2022秋冬高定）

（一）服装的廓型

由于服装造型的复杂多样，因此需要一种直观、清晰且高度概括的方式来识别并传达这些不同的造型。国际上普遍采用的方法是通过廓型来表示服装款式。服装廓型是指服装的外部造型线，也称轮廓线，是区别和描述服装的一个重要特征，不同的服装廓型体现出不同的服装造型风格。用廓型来代表服装造型的特性，不仅形象生动且易于理解，还能精准捕捉到服装造型的核心特质。服装廓型的表示方法多种多样，其中最常用的是字母型表示法和物态型表示法。

1. 字母型表示法

字母型表示法是通过英文字母的形状来表现服装造型特性的表述方式。此方法具有直观、易于识别和记忆的优点，基本以 A 型、H 型、X 型、T 型、Y 型等为主。如图 3-11 所示为 A 廓型服装，弱化肩部设计，下摆夸张。如图 3-12 所示为 H 廓型服装，平肩，不收腰，下摆呈筒型。如图 3-13 所示为 X 廓型，塑造较宽的肩部与下摆，收紧腰部。

2. 物态型表示法

物态型表示法是一种利用自然界或日常生活中形态相似的物体，以展示服装造型特征的表达方式。物态型表示法具有直观亲切、富于想象力等特点，是使用较多的表示法，如喇叭型、吊钟型、花冠型、气球型、口袋型、茧型、桶型等。物态型表示法以其通俗易懂的形象，易于被人们理解和记忆。在应用过程中，应选择大众普遍熟悉的物体来定义服装的造型名称，避免使用仅少数人知晓的物体进行命名。此外，所选物体的形象应具有代表性，并保持一定的稳定性（图 3-14 ~ 图 3-17）。

图3-11　A廓型服装
（Giambattista Valli 2024春夏高定）

图3-12 H廓型服装
（Dior 2024秋冬高定型）

图3-13 X廓型服装
（Viktor & Rolf 2022春夏高定）

图3-14 喇叭型服装
（Eile Saab 2024秋冬高定）

图3-15 吊钟型服装
（UNDERCOVER 2024春夏）

图3-16　气球型服装
（Alexander McQueen 2022春夏）

图3-17　茧型服装
（UMA WANG 2024秋冬）

使用廓型来表达服装的造型，尽管它只传达了服装外观的粗略剪影信息，但对于设计师而言具有极其重要的意义：第一，有助于掌握服装的流行趋势。在每年每季的流行中，服装的款式变化多端，难以预测。但如果从服装廓型开始，就能透过表面看到实质，根据不同的服装造型进行分类，从而发现流行服装的共同特征。第二，有助于掌握服装的整体感。在服装构成中，服装廓型是有限的，而服装款式是无限的。同一个服装轮廓，可以有无数种不同的款式或结构来构建。在无尽的款式变化中，设计师如果不想被款式细节所迷惑，就需要经常回到服装的整体概念上，去调整和优化细节部分。

（二）服装的结构

造型与结构之间存在紧密关联，任何服装的造型均需通过适宜的结构构成形式实现。值得注意的是，每种造型并非仅对应单一结构形式，深入探究可揭示结构的灵活性与多样性。

同属空心体范畴的服装造型与结构，与体育用球的构成原理存在相同之处。不过服装的外观设计不会模仿球类的外观形态，也不追求刻板的结构，而是旨在展现"软雕塑"的服装造型美感。然而，在探讨造型与结构之间的内在联系时，体育用球的结构多样性可为服装设计提供灵感。服装的结构并非一成不变，其复杂性和合理性只是众多可能结构形式中的一个实例。必须认识到，服装结构设计的灵活性与适应性远超单一化和不可变性的认知限制。如图3-18所示为三宅一生Issey Miyake时装，体现出"软雕塑"的造型美感。

（a）2024秋冬　　　　　　　　　　（b）2025春夏

图3-18　三宅一生Issey Migake时装

传统的、常规的服装结构构成形式，如西装、旗袍、晚礼服、牛仔裤等，体现着人类共同的智慧与文化遗产，源自世代实践与经验的积累，其在实用价值、社会影响以及存续合理性方面占据重要地位。然而，尽管如此，这些经典结构并非一成不变。从创意视角审视，服装结构必然展现出多样化与多元化的特征。任何单一的结构形式都难以维持长久不变性，这是由于时代的演进与社会的进步，不论是对其理解与否，接纳与否，新的服装结构形式必然会持续涌现。如图3-19所示为川久保玲Comme des Garcons 2025春夏时装。

图3-19 川久保玲（Comme des Garcons 2025）时装

第二节 服装结构与解构

一、结构与结构主义

结构并非服装所独有，建筑、语言、社会等都有其独特的结构构成形式。结构的不断发展和演化，实则是哲学深思与实践创新的交织过程，它跨越了社会科学的众多边界和催生了多元的思想潮流。服装结构的发展也毫无例外地受到艺术思潮的冲击和影响，只有了解各种艺术思潮的不同主张，才能真正地解读服装设计师的设计思想，真正领略到服装作品所蕴含的独有魅力与深度。

（一）结构主义思潮

服装结构主义的来源可以追溯到现代西方哲学与美学思潮的发展。"结构"这个词最初仅在建筑学中使用，是一种特定的建筑风格。在17～18世纪，"结构"的定义被扩展为"事物系统的诸要素所固有的相对稳定的组织方式或联结方式"，并逐步演变为一个跨学科的术语，被广泛应用于社会科学、人文科学和自然科学的各个领域。在20世纪初期，基于对结构的深入研究，结构主义哲学逐步形成，它已经成为一种用于认识、理解和研究事物的方法论。结构主义哲学认为，两个以上的要素按照一定方式结合组织起来，构成一个统一的整体，其中诸要素之间确定的构成关系就是结构。

结构主义（constructionism）是一种认识和理解对象的思维方式，即在人文科学中运用结构分析方法所形成的研究潮流或倾向。在20世纪60年代，结构主义已经崭露头角，成为一种具有深远影响的哲学思想观点。法国哲学家列维·斯特劳斯（Claude Levi Strauss）在《结构人类学》一书中对结构提出了四点说明：一是结构中任何一个成分的变化都会导致其他成分的变化；二是对于任何一种结构，都有可能列出同类结构中产生的一切变化；三是通过结构分析能够预测当某一种或几种成分发生变化时，整体会产生何种反应；四是结构内部能够观察到的各种事实，都能在结构内得到解释。结构主义认为，元素的意义不在于元素本身，而在于元素与其他元素间的关系，这种关系成为元素构成某个整体的方式。

结构主义也主张结构有表层结构与深层结构之分。表层结构是人们能直接观察到的；深层结构是事物之间内在的联系，只有通过某种认知模式才能认识到。结构主义的最大特点就是强调相对的稳定性、有序性和确定性，强调应该把认识对象看作整体结构。

（二）结构主义服装

1919年4月，德国魏玛包豪斯设计学院成立，这所学院为现代艺术设计树立了新的标杆，其核心理念便是结构主义。包豪斯认为，艺术设计应当通过有组织的运动来实现高度的平衡和协调。通过总结事物表面的混乱和无序，找出它们内部结构的基本规律，创造出高度逻辑性的视觉传达，使设计能够在结构有序的环境中完成。包豪斯在现代设计领域产生了多维度的影响，它塑造了现代工业设计的新模式，并为此制定了标准。

服装设计也不例外，在结构主义设计思想的推动下，人们发展出了一种简洁、理性的设计方法，甚至通过数学计算来实现视觉平衡。这种方法强调对服装结构进行科学的分析，按照黄金比例进行设计，并关注单个组件与整体之间的相互关系。这种设计方式强调了服装结构与人体空间的组合，从而使服装的功能和美感都能通过其结构来实现。例如，迪奥早期的服装作品"新风貌"（New Look），展现出简约、大方的理性美感（图3-20）。

图3-20 迪奥"新风貌"时装（1947）

　　结构主义服装不但注重服装严谨的结构设计，也高度注重服装三维空间效果的表现，在服装造型方面，它着重于外观形态的多样性和美感的呈现，具有服装强烈的三维层次感和空间感。在追求结构、形态和空间美学方面，形成了鲜明的结构主义服装风格特征。如图3-21所示，突出对结构的美感追求。如图3-22为展示立体外观的结构主义服装。

　　在世界服装发展的历史演变中，具有结构主义设计哲学并已经塑造出自己独有设计特色的设计师层出不穷，其中大部分人主要活跃在20世纪的50~60年代。结构主义服装设计师的杰出代表有：以"新风貌"设计一举成名的克里斯汀·迪奥（Christian Dior），被誉为"剪子魔术师"的克里斯托伯尔·巴伦夏加（Christobal Balenciaga），带有建筑造型美感的皮尔·卡丹（Pierre Cardin），能"赋予时装一种诗的意境"的伊夫·圣·洛朗（Yves saint Laurent）（图3-23），华贵浪漫且具有贵族气派的卡尔·拉格菲尔德（Karl Lagerfeld），享有"活动的建筑"美誉的皮尔·巴尔曼（Pierre Balmain），被称为高级时装的最后骑士的纪梵希（Givenchy），等等。

图3-21 亚历山大·麦昆2020春夏时装
（Alexander McQueen 2020SS）

图3-22 华伦天奴（Valentino）2020春夏高定

图3-23 伊夫·圣·洛朗的蒙德里安裙（1965）和吸烟装（1966）

（三）结构主义设计原则

黄金分割是一种数学上的比例关系，与结构主义所追求的内在的秩序、比例、关系和整体性的概念相接近，因此成为结构主义的一种设计原则并被广泛应用在众多领域。黄金分割不仅具有严格的比例性、艺术性和和谐性，还蕴含着丰富的美学价值。黄金比例一度被视为建筑与艺术领域中的最理想的比例。建筑师对数字0.618特别偏爱，无论是古埃及的金字塔，还是巴黎的圣母院，或者是近现代的很多经典建筑都存在与0.618相关的统计数据。目前，人们使用的纸张、门窗等的长宽比也大多是1∶0.618。与此同时，黄金分割技术在服装设计领域也得到了广泛应用（图3-24）。

结构主义风格的服装不仅强调服装理性的结构设计，还注重服装在三维空间中的效果展现，具有丰富的建筑学造型元素。由此产生的结构主义服装的基本特征是以人体的肢体造型为基础，重视严谨的结构设计，强调服装造型的立体感、比例感、层次感、秩序感和功能性，充分体现了西方传统服装的审美观念。结构主义服装的设计原则主要包括理性、合理、简化和规范四项原则（图3-25）。

（a）古驰2013春夏　　　（b）TONY WARD 2024
春夏高定

图3-24　整体服装设计都以黄金分割为依据

1. 理性原则

结构主义的服装设计中，大多数都展现出理性和节制的特点，需要遵循优化设计的所有准则和标准。要尽可能精确地拟合人体曲面，采用省缝、结构线、分割线等结构设计元素来展现服装与人体之间的合理、简洁和精确的对应关系，通过整体的主次设计来规划相关的细节部分。为了更好地凸显设计的核心，其他部分需要尽量简化。

2. 合理原则

服装构成的合理和巧妙，是结构主义设计的核心主张。衡量设计是否合理通常有两条标准：一是要到位，接缝的位置、弧度、角度和松紧度是否适当，是否能与人体的形态匹配；二是要巧妙，我们需要巧妙地寻找那些独特的、具有多重效益的，或是那些令人意想不到的独特结构和各部分的组织方式。

3. 简化原则

结构主义设计强调"少就是多"的简化原则。在确保外观效果不受影响的基础上，结构和工艺应尽量简化，努力去除不必要的部分，以降低制造成本，减少生产步骤，并便于大规模生产。在特定的场合下，一个衣片或一条接缝可以承载多种功能，从而实现工艺的简化和外观的简约。

4. 规范原则

通过规范化的款式设计、结构设计和缝制工艺，不仅可以方便地利用机械设备进行大规模生产，还可以提高服装的生产效率，确保服装制作的质量。即便只制作一件服装，标准化的设计也是至关重要的，因为规范化也是服装内在品质的保证和象征（图3-25）。

（a）Roksanda 2025春夏　　　　　　　　　（b）PRADA 2024秋冬

图3-25　符合理性、合理、简化和规范原则的结构主义服装设计

结构主义服装设计在外观设计上强调形式的美感，但也逐步显示出其形式化和同质化的趋势；在结构设计上，过分依赖数学计算而忽视了创新的热情和偶发性；在创意上既希望进行一些创新和突破，但又不敢越过传统所设定的界限；功能设计上过分

强调了服装的实用性却忽视了一些人文关怀。因此，尽管结构主义服装为现代服装的进步作出了显著的贡献，在人类进入21世纪之后，面对解构主义思潮的蓬勃兴起，结构主义服装的地位与影响开始发生微妙变化。

二、解构与解构主义

解构主义设计风格的探索兴起于20世纪80年代，并迅速席卷全球，且持续至今其活力不减，对服装文化造成了深远的影响。解构主义深受社会、历史和文化等多方面的影响，其影响力广泛渗透至哲学、社会学、心理学、文学、艺术等多个学科领域，并深刻影响着我们的日常生活。解构主义并不等同于后现代主义，更确切地说，解构主义是后现代主义的一个极其重要的流派分支。同时，"解构"也是后现代主义的一个基本特点。

（一）解构主义思潮

"解构主义"（Deconstruction）这一术语，其根源可追溯至结构主义。但它并非简单的延续，而是站在反结构主义的思想立场上应运而生。从结构主义演化而来，它是基于反结构主义思想而诞生的。所谓"解构"，在直观层面上，可以理解为对既有结构的拆解与分解，即"解"之过程，它要求我们将复杂的事物拆解成更小的单元或元素；而"构"，则意味着在拆解之后，以全新的视角和逻辑重新组织、构造这些元素，这一过程不仅是物质层面的重组，更是通过联想与想象，赋予这些元素以新的意义与生命力，最终以一种视觉艺术的形式，传达出一个超越原有结构限制的完整且独特的概念。这一过程，实质上是对形象素材进行深度挖掘、搜集、整理与再创造的旅程，同时也是探索与激发创意的无限可能。

早在1967年，法国的哲学家贾奎斯·德里达（Jacques Derrida）基于对语言学中的结构主义的批判，提出了"解构主义"的理论。用分解的观念，强调打碎、叠加、重组，重视个体和部件本身，反对总体统一而创造出支离破碎和不确定感。解构主义设计理念最初是由建筑设计师们率先采用的，他们主张打破传统的单元结构，然后再构建一个更加合理的秩序。通过将对象拆分为多个部分并重新组合，对传统进行颠覆，如纽约的沃特·迪斯尼音乐厅、巴黎的拉维莱特公园、布拉格的尼德兰大厦和北京的中央电视台等都属于解构主义的建筑风格（图3-26）。

解构主义在理论上看似反叛了结构，但其真正反叛的是结构主义理念和主张，而不是结构意识本身。解构主义高度重视结构的基础组件，并认为这些基础组件具有特定的表达特性。作品的完整性并不取决于作品本身，而是取决于各个组件元素是否得到了充分的表达。解构主义的表现形态看似混乱，实质上形与形之间、元素与元素之间具有一定的协调性、联系性，是内在的而不是表面的，是有机的而不是机械的。

（a）沃特·迪斯尼音乐厅

（b）拉维莱特公园　　　　　　　　（c）尼德兰大厦　　　　　　　　（d）北京中央电视台

图3-26　解构主义的建筑风格

（二）解构主义服装

在解构主义思想的推动下，解构主义的服饰也开始迅速崛起，并对当代的生活方式和人们的思维方式产生了深远的影响。解构主义服装的解构，主要表现在对服装意义的解构、对服装结构的解构、对图形和图像的解构以及对传统材料的解构四个方面。

1. 对服装意义的解构

解构主义完全背离了服装为人所穿并要符合人体的传统概念，通常是从一件独立艺术作品的视角出发，更多地关注服装自身，而非服装与人体之间的关系。例如，三宅一生在2010年发布了132 5.系列服装。该系列服装灵感来自日本折纸，共包括10个由一块布料剪裁而成的、可以折叠成一个个规则的平面几何形的服装新样式。数字1代表一整件面料，3代表三维立体，2表示折叠后的二维形状，5则代表着这一系列为穿戴者带来的前所未有的、多维度的立体穿着体验。三宅一生的设计考虑了人体的造型和运动特点，通过机器压褶调整裁片与褶痕，打破了传统服装造型的设计模式（图3-27）。

2. 对服装结构的解构

解构传统的服装结构是解构主义服装设计的关键，例如，日本设计师山本耀司（Yohji Yamamoto）的惯常手段就是对传统的西装款式进行解构，从而创造出新的服装结构（图3-28）。

图3-27 三宅一生132 5.系列服装

图3-28 解构主义服装的反常规设计（Yohji Yamamoto 2016春夏）

　　从解构主义设计师的视角来看，服装的构造可以是无限制的，没有固定的模式，可以根据设计师的个人理解来决定。解构主义服装形象呈现出随意堆砌、破损扭曲、

松散散乱和颠倒错位的特点，服装的结构没有规则的束缚，也没有原有的秩序，充分
体现了反常规、非理性，将反常视作正常的解构主义设计主张（图3-29）。

（a）Maison Margiela 2011春夏　　　　　　（b）Thom Browne 2023秋冬

图3-29　结构主义服装的反常规、自由随意置换的设计

3. 对图形和图像的解构

在这个图形图像泛滥的社会中，互联网的出现将大量的图形图像呈现给广大的观
众。但是图像或图形本身蕴含着深厚的历史意义，它既包含了对过去事物的怀旧情
感，也包含了对历史的回忆。如果有人尝试将无关的图像和图形重新组合，这可能会
重新激发人们对过去时光的再想象或产生全新的联想，同时也可能导致对历史的混淆
或时间感的缺失，由此也激发了解构主义设计师对图形图像的解构热情。在解构主义
服装中，历史元素、民族街头元素以及现代生活场景中的各式几何形、图像和形象都
得到了广泛的运用，成为创意灵感的嬉笑对象（图3-30）。

4. 对传统材料的解构

在解构和颠覆服装结构的过程中，始终不会忽视对传统材料的解构。因为材料是
服装构成的物质载体和基础，如果沿用传统的面料，解构就不可能做到彻底。因此，
有的设计师故意把衣物的外观设计成破损、破碎或不完整的形状；有的设计师追求与
传统面料不同的再造效果，他们努力利用变形、变色、编织、拼接和堆积等技术，以

实现对传统材料的解构；有的设计师选择直接采用与传统材料完全不同的新型材料、替代性材料，或者采用先进的科技方法来制造新的材料，用于服装的创造。其本质都是出于对传统服装材料的否定和不接受（图3-31）。

图3-30　现实生活中的各种几何形（JUNYA WATANABE 2024秋季）

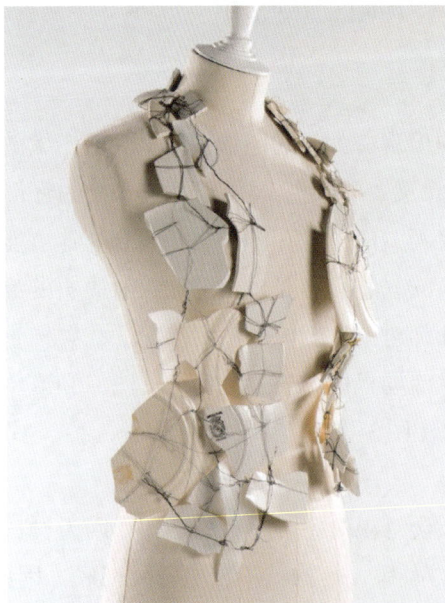

（a）Martin Margiela 陶瓷片与铁丝制马甲，1989秋冬　　　　　（b）Gaurav Gupta 2023春夏

图3-31　服装中替换材料的应用设计

解构主义风格的服装经历了近半个世纪的演变，现已崭露头角，成为设计领域中不可或缺的一股力量，对新一代的设计师和他们的日常生活产生了深远的影响。三宅一生（Issey Miyake）、候赛因·卡拉扬（Hussein Chalayan）、让·保罗·戈尔捷（Jean Paul Gaultier）、亚历山大·麦昆（Alexander McQueen）、川久保玲（Bei Kawakubo）、约翰·加利亚诺（John Galliam）、山本耀司（Yohji Yamamoto）等，这些解构主义的设计师们，以独特的视角和非凡的创造力，重新定义了服装设计的边界，并以各自独特的方式诠释了服装设计的无限可能，共同推动了时尚界向更加多元、创新的方向发展（图3-32）。

（a）COMME des GARCONS 2024秋冬　　　　（b）Issey Miyake 2024秋冬

图3-32　川久保玲的特别解构和三宅一生的解构设计

（三）解构主义设计方法

解构主义所倡导的服装设计理念，高度重视反对结构、传统和理性的理念，对传统的服装结构、设计哲学和审美准则进行了彻底颠覆。鲁道夫·阿恩海姆（Rudolf Arnheim）在他的著作《艺术心理学》一书中提到了无秩序在艺术中的吸引力。他指出，无秩序提供了一种天然不规则的自由形式，这种形式本身就是对组织严密化之受害者的一种慰藉和解脱。这意味着在某些情况下，打破事物固有的秩序可以创造出新颖性，从而更有效地吸引人们的注意力，并增强作品的视觉焦点。阿恩海姆的这一观点强调了艺术创作中对传统秩序的颠覆，可以作为一种强有力的表现手法，通过这种手法，艺术家能够探索新的表现形式，激发观众的感知和思考，进而提升艺术作品的吸引力和表现力。因此，服装结构的解构就是要我们打破原有的秩序。

解构主义服装常用的设计方法，主要有解构与重组、拼贴与堆砌、变异与夸张、戏谑与反讽、挪用与置换五种。

1. 解构与重组

解构是一种具有明确目标性，是对传统结构进行否定、反叛和颠覆，因此需要对传统的服装结构进行拆解和打散，根据自己的意愿重新组合，营造出新的视觉形式。而这些新的视觉形式，是保留常规的结构部分，常常会让人有新鲜感和错愕感。整个服装的拆解和重组过程无疑是一种逆向的思维方式，其中原有的概念被打破，审美观念被颠覆，秩序被打乱，结构被错位，形态被扭曲，面料也变得混乱，重组过程并没有任何固定的规则或规律可以依托，也不是完全舍弃服装的结构，而是去除了理性，达到了非理性的效果（图3-33）。

<table>
<tr><td>（a）JUNYA WATANABE 2024秋季</td><td>（b）Ahluwalia 2024秋冬</td></tr>
</table>

图3-33　打破原有的结构重新组合

2. 拼贴与堆砌

解构运用的拼贴方式往往带有一种随意、混杂和荒诞的色彩。这并不只是指对服装材料的整体重塑或不同材质的混合，也可能涉及一些不合逻辑的拼接，或者是不相关的图案、不同时期的图像，甚至是完全对立的概念的混合。这样的组合可能会混淆时间和空间的界限，从而达到颠覆传统观念和增加服装趣味性的目的（图3-34）。

如果说拼贴是指平面形象的随意组合，那么堆砌就是立体形态的肆意叠加。堆砌手法主要分两种：一是多种设计元素的并置，二是单一设计元素的大量堆砌与重复。叠加式的展现，不仅是将各种不同的材料、颜色和质感的布料堆叠在一起，打造出视觉上的体量感和雕塑感，还涵盖了用布料制成的三维部件的排列，并包括了将日常生活或大自然中的其他元素直接安放在服装上，从而实现独特、丰富甚至令人震惊的服装视觉效果。

（a）Richard Quinn作品　　　　　　　　　（b）Comme des Garcons 2018秋

图3-34 服装解构设计中的拼贴堆砌手法，随意组合叠加

3. 变异与夸张

解构采用的变异，并不是简单意义上的形态转变，而是达到了一种突变、扭曲和

奇特的状态。在造型上，可以通过加厚臀部、肩部或其他区域的厚度来改变人体原有的曲线形状，或者可以在服装的夹层里加入各种不同的填充物，以创造奇特怪异的服装造型。在结构上，在无须改变的部分进行调整，把不应该添加的形态添加上去，目的就是让人感到捉摸不定或百思不得其解，从而打破传统的思维方式。变异和夸张往往是相辅相成的，通过对事物某一方面的夸张，可以突出事物的形态特征、动态特征和情感特征，从而打破原有结构的正常秩序，与传统服装的设计风格形成鲜明的对比（图3-35、图3-36）。

图3-35　垫高肩线形态的夸张表达
（Thom Browne 2022秋）

图3-36　扩大原有衣领的变异手法
（Viktor & Rolf 2022秋冬）

4. 戏谑与反讽

戏谑与反讽的设计手法要求我们具有较强的批判性思维和挑战精神，偶然的、即兴的、戏剧化的表现手法被大量应用，丰富了解构主义服装的多样性。反讽是常用的设计手法，是对既有的文化传统进行一种温和而深刻的调侃与反思，既挑战了传统的权威，又赋予了作品独特的幽默感与思想深度。解构主义在颠覆传统的同时，也消除了各种文化之间的界限。例如，英国艺术家因卡·修尼巴尔（Yinka Shonibare）的作品利用非洲传统的面料背后的含义传达出对殖民主义辛辣的讽刺（图3-37）；也可以将过去需要隐藏的部分（如内衣等）暴露出来，并将需要暴露的区域（如面部、头部、双手等）覆盖，从而实现反讽的效果。或者将美好的事物转变为丑陋的，将高雅的事物变为低俗的，将完整的事物变为破败的，这些都带有讽刺的意味（图3-38）。

图3-37　英国艺术家因卡·修尼巴尔的经典作品

图3-38　达成戏谑和反讽的效果（Alexander McQueen FALL 2009）

5. 挪用与置换

不同系统之间的相互置换，以及对常见事物的挪用重置，也是解构主义服装常常采用的设计手法。这要求我们需要时刻保持敏锐的洞察力，不断积累并深化理解，同时，勇于展现新奇独特的创意与大胆尝试的魄力。例如，向来灵感与创意不会枯竭的 Thom Browne 在 2023 秋冬系列走进小王子视角下的幻想世界中，运用夸张造型的垫肩及挪用置换原本服装的结构、错位拼接的戏剧性剪裁设计与叠搭重组，给人带来荒诞趣味性的创意设计（图 3-39）。

三、结构与解构中的多元化发展

结构主义服装在创新和创意方面，由于与人们普遍接受的传统审美观念

图3-39 挪用与置换的解构设计手法（THOM BROWNE 2023秋冬）

相吻合，因此容易被人们接受和理解。然而，解构主义服装的颠覆和反叛与传统审美观念是相反的，因此不能用过去的审美标准来进行评价。

解构主义设计师更倾向于让观者自由诠释其作品，而非直接寻求被理解。川久保玲曾说过："如果我创造了什么新鲜事物，它肯定不会被理解，倘若得到人们喜爱我反而会非常失望，因为这说明设计还没有到达极致程度。"三宅一生也说过："若是看到与我的设计有类同的东西，不管谁说它好，我也不要了。"由此得知，解构主义设计师的核心追求在于展现独特的个性与设计的极致，而非单纯追求公众的理解与接纳，更非局限于日常着装的实用性。

解构主义服装并不是一般的服装商品，它更趋向于服装的试验品，是为了深入探讨而非仅仅是为了穿着。它致力于创造一个全新的服装概念，这是对服装设计形态的独特见解，也是对服装未来趋势的一种设想、一种研究或提供可能性。如果人类仅仅专注于当下并满足于现状，而不进行深入的思考、创新和对未来的规划，是非常可怕的。每一个新事物的诞生，都伴随着一个从最初的不理解到理解、从最初的不接受到接受的观念转换过程。服装行业的发展也是如此，从概念化转向商品化，没有无法跨越的鸿沟，只需去掉夸张的、多余的和不合适的部分，就有可能转化为日常生活中的服装。

结构主义和解构主义多年对抗的结果，看似是解构主义彻底颠覆了结构主义，创造了很多惊世骇俗的服装作品并已深入人心。但解构主义并未改变结构主义设计的核心功能，只是进行了一些调整和增补，服装设计在本质上并没有发生根本转变。解构主义在表面上对传统结构进行了反叛和解构，但它真正反叛的是结构主义中固化的设计哲学、审美观点和方法，而非结构意识的本身。审视解构主义领域内，如三宅一生、山本耀司、川久保玲、亚历山大·麦昆、加利亚诺及马丁·马吉拉（Martin Margiela）等大师们的后期创作，我们可以观察到一种趋势：在保持对非理性探索之外，理性元素越发显著地融入其中，取代了早期较为单一、盲目乃至略显荒诞的非理性表达。这些大师在持续挑战与颠覆传统文化观念的同时，正以一种新颖的视角重新审视并赋予传统事物新的价值认同。他们的工作，既是对旧有框架的打破，也是对经典元素在新时代背景下的重新诠释与升华（图3-40）。

（a）1997秋　　　　　　　　　　　　　（b）2024春

图3-40 马丁·马吉拉的早期和后期服装经典作品

现今对服装设计中的解构已超越单纯的拆解与重组，而是更加注重创造重组后独特而富有新意的形式语言，以及解构技巧的多变与思维的拓展，这些共同赋予了服装结构一种难以言喻的复杂美感。一件仅仅被拆解却未能形成新颖、富有深意结构的服装，并不能称为解构主义设计的典范。唯有设计师以精湛技艺，重塑出既新颖又富含哲理的结构，才能真正体现"解构主义"设计理念的精髓。例如，在牛仔面料上的解构主义再创设计，迪赛（Diesel）2023春夏的秀场作品就表现得很好（图3-41）。

图3-41　受解构主义影响的牛仔再造设计（迪赛2023春夏）

第三节　新结构的诞生

在创意服装设计领域，创造新的服装结构不仅是对传统设计的突破，更是对时尚与美学的深度探索。这一行为的意义深远，而创造思路则灵活多变，需要设计师具备敏锐的观察力、丰富的想象力、扎实的技术基础和跨界的思维方式。通过不断探索和实践，设计师可以创造出更多独特而富有魅力的服装作品。

一、结构的创意类型

服装结构的创意类型可以分成无结构创意类型、常规结构创意类型、非常规结构创意类型三大类。服装结构的创意类型并不是孤立的，设计师可以根据设计理念和目标受众的需求，灵活运用这些类型，创造出独特而富有魅力的服装作品。

（一）无结构创意类型

无结构服装这一设计理念，旨在突破人体传统包裹的界限，摒弃服装贴合体型的常规约束，转而依据设计师的无限创意进行自由剪裁与构造，它允许设计师根据设计愿景灵活构建简易结构与缝制策略，从而赋予服装独特的魅力。

追溯服装发展的长河，无结构服饰的历史远比我们想象得要悠久。早在古希腊的希顿与古罗马的托嘎（Toga）中，便可见其雏形。这类服饰从古代绵延至近现代，如中国优雅的汉服、印度绚烂的纱丽、日本传统的和服，乃至宗教文化中的袈裟，都是无结构服装理念的生动实践。即便是在当代时尚界，无结构服装设计依然保持着旺盛的生命力与创新力。三宅一生在1998年推出A-POC（A Piece of Cloth）的一种创新服装制作理念，其核心是将一块布料通过折叠、剪裁和缝制成为一件完整的服装，从而减少浪费和废料，降低生产成本，直到现在该品牌仍然延续着一块布制衣哲学。三宅一生2021秋冬系列服装，从自然界中获取灵感，探讨自然界中的力与美，彰显着无结构服装设计的独特魅力与无限可能（图3-42）。

无结构的创意设计它鼓励采用披覆、缠绕、包裹、系扎、捆绑等多种手法，让设计过程充满自由与想象。通过这种匠心独运的设计方法，不仅展现了结构的精炼与线条的流畅之美，更在形式多样的手法上灵活多变。Uma Wang 2025春夏秀场就完美地

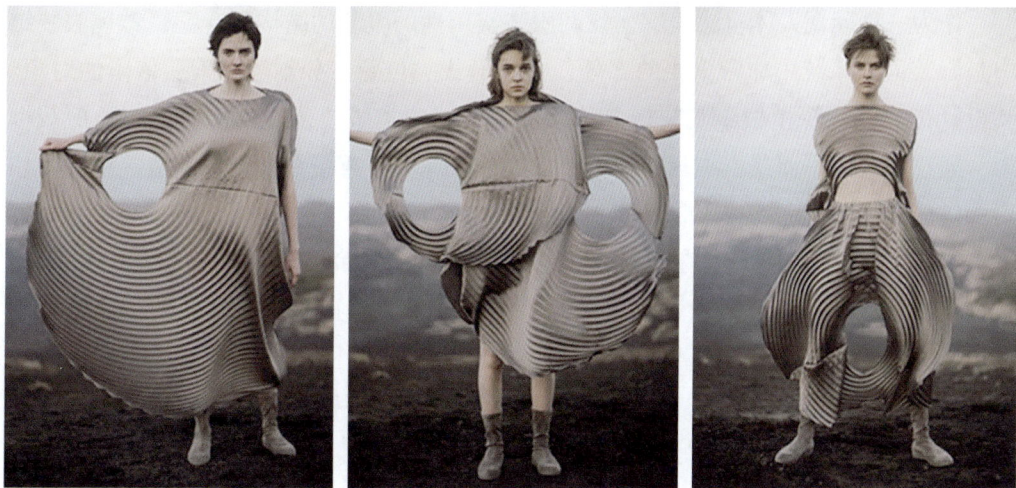

图3-42 无结构服装（三宅一生2021秋冬）

展现了无结构的创意设计，服装上身效果自然而富有诗意，深刻体现了东方美学中抽象而浪漫的设计精髓（图3-43）。

图3-43　展现既抽象又浪漫的东方美学的服装（Uma Wang 2025春夏）

（二）常规结构创意类型

作为一种展现人体自然美感、强调服装实用性的服装的结构和造型，常规服装结构是服装语言系统中非常重要的部分，它是形式、色彩、分割等元素所依附的对象。其设计范式已深深植根于服装行业的标准之中。这类服装普遍遵循着传统的剪裁框架，通过经典的平面或三维裁剪技术，借助样板原型或直接在人台上塑造，精确裁切出所需的衣片，进而完成服装的缝制与制作流程。掌握平面与立体裁剪技巧，并对标准缝纫工艺有着深刻理解，是设计常规结构服装不可或缺的能力。

在日常生活中，广受欢迎且普遍穿着的服装，大多遵循这一常规结构原则。它们以结构上的严谨与精致著称，外观简约而不失高雅，同时在图案上体现设计。如图3-44所示的常规结构服装，穿着体验舒适且实用，便于人体的自然活动。在设计常规结构服装时，设计师常从旗袍、衬衫、西装、中山装、直筒裤、筒裙、斜裙等经典款式中汲取灵感，这些款式构成了设计的基础原型。

<table>
<tr><td>（a）Miu Miu 2022秋冬</td><td>（b）Narciso Rodriguez 2017春季</td></tr>
</table>

图3-44　图案装饰先声夺人的常规结构服装设计

（三）非常规结构创意类型

非常规结构是服装艺术领域的一次革新尝试，其目的在于通过打破常规框架，创造出既不影响服装的服用功能，又超越常规形态的新型服装结构。这类服装往往采用立体裁剪的方式方法，重塑服装的内在逻辑与外观形态，它并不排斥和反对服装的实用功能，而是将功能进行重新解读和诠释，赋予服装更新颖的穿着体验与情感表达。非常规结构服装常借由独特的廓型设计、变幻莫测的领口与襟部处理、非对称的线条布局及偏离常规的缝合路径，编织出一幅幅视觉与功能并重的时尚图景，其具有设计理念先进、结构灵活多变、外观造型新颖、观赏性强等优点。

非常规结构服装的设计师，以其鲜明的个性、独到的见解及非凡的创造力著称。他们深受解构主义哲学启发，拒绝墨守成规，热衷于原创设计，追求服装设计的独特性与前卫性。面对市场的反馈，他们持开放而自信的态度，努力地引领流行和创造流行。这类服装的受众，大都是个性鲜明、经济独立的小众群体。如图3-45所示，设计师Duran Lantink作品的消费群体，他们不仅享受非传统设计带来的独特魅力，更对品牌展现出的个性与创新精神高度认同，形成了深厚的品牌忠诚度。反过来讲，非常规结构服装的独特性也决定了其并非人人皆宜，它更像是一件艺术品，挑选着那些能够理解并欣赏其深层价值的人。

图3-45　深受小众群体青睐的非常规结构服装设计（设计师Duran Lantink作品）

二、发现与创造

发现与创造，是人类智慧的双翼。它们相辅相成，共同推动着文明的进步与艺术的繁荣。在服装设计领域，这一过程尤为显著。它不仅是对美的追求，更是对创新精神的深刻体现。

"发现"，是创造的起点，它要求设计师具备敏锐的观察力和深刻的洞察力。在这个过程中，设计师需要像探险家一样，深入生活的每一个角落，从自然界中寻找灵感，从日常生活中提炼元素。无论是晨曦中的一抹色彩，还是落叶上的细腻纹理，都可能成为激发新设计的火花。"发现"服装不仅需要在日常生活中投入情感去探索，同时也可以通过知识跨界融合、文化碰撞交流来实现。世间万物间的普遍联系性，促使不同领域的知识如同万花筒一般，为我们在探索服装的道路上提供了源源不断的创意灵感。这些灵感来源广泛，涵盖了绘画、摄影、雕塑等视觉艺术，舞蹈、音乐、戏剧、电影等表演艺术以及诗歌、小说等文学领域，乃至建筑设计和科学技术等多个方面。同时，发现意味着对传统与现代的重新审视与融合，设计师需要了解不同时期的服饰风格，理解其背后的文化意义与审美价值，从而在传统与现代之间找到连接点，为设计注入更深厚的内涵。

"创造"则是在发现基础上的飞跃，它要求设计师将观察到的现象、收集到的信息，通过创意的转化，变成全新的作品。在服装设计中，创造不仅体现在款式、色彩、面料的选择与搭配上，更在于如何将设计理念、文化内涵与时尚趋势巧妙融合，通过现代设计手法和技术手段，创造出既符合市场需求又具独特个性的作品。创造的过程充满了挑战与不确定性，但正是这些挑战，激发了设计师的无限潜能，推动服装设计不断前行。

发现与创造，在服装设计中形成了一个良性循环。通过不断地发现，设计师能够积累丰富的素材与灵感；而通过创造，设计师又能将这些素材与灵感转化为具有生命力的作品，进一步丰富和完善自己的设计理念与风格。在这个过程中，设计师不仅提升了自己的专业素养，也为时尚界带来了更多的可能性与惊喜。

（一）"发现"形式

服装，作为人类辉煌文化的鲜活展现，其内涵深远且广泛，涵盖了历史服饰文化、人文内涵、时代风尚、民俗风情、知识水平、面料研发、制作工艺等多个层面。环境艺术在发展过程中，不仅汇聚了多种地域文化的精华，还汲取了现代科技、设计理念及审美潮流的最新成果，形成了既具有包容性又充满创新精神的独特风格。服装的构成与表现形式不应局限于我们所熟知的范畴之内，应当是一个不断探索与创新的过程，力求在每一针每一线中，都融入设计师的独特视角与深刻思考，创造出前所未有的、充满个性与意味的服装形态。

"发现"服装的形式并不艰难，真正的挑战在于如何赋予这些形式以深刻的"意味"。这里的"意味"是一个多维度的概念，可以是趣味性、意境美、深层含义、独特韵味或是高雅品位的体现。正是这些"有意味的形式"，构成了服装艺术的灵魂，使之能够触动人心，引发共鸣。值得注意的是，如果我们过度追求内涵的堆砌，反而可能使设计显得沉重而失去灵动。因此，有意味的服装表现，往往是在简约与创意之间找到巧妙的平衡，让观者在第一时间感受到一种与众不同的、令人愉悦的氛围或情感。

一旦捕捉到这种有意味的形式，设计师便可运用变化与统一的美学法则，将其具体化为服装的设计语言。2023届中央圣马丁毕业作品中，Eden Brader-Tan名为"On Borrowed Fabric"（借来的布料）的系列服装便很好地诠释了这一法则，"变化"强调形态间的差异与对比，为服装注入活力与多样性，使每一件作品都显得饱满而生动；"统一"则要求形态间保持和谐与一致，增强整体的协调性和秩序感，使设计在变化中不失条理，在纷繁中彰显和谐。两者相辅相成，共同构建出既富有变化又和谐统一的服装艺术作品。如图3-46所示，其核心设计理念聚焦于可持续性。在这一系列中，他致力于在创作过程中维护布料的完整性，力求最大限度地减少浪费，以此表达对环境保护的深刻关注。

图3-46　遵循变化与统一原则的新形式服装

（二）"创造"新思维

思维既以感知为基础又超越感知的界限，它探索与发现事物的内部本质联系和规律性，是认识过程的高级阶段。在设计的广阔领域中，结构主义作为一脉相承的传统思维，构筑了稳固的设计基石；解构主义思潮是一种反叛传统的设计思维，并由此产生了完全不同的设计主张。两者之于服装设计，皆持有各自独特的思维，这些思维或宏大如思潮、信念般深远，引领设计潮流；或细微至观点、看法层面，反映个人审美偏好。

新思维是一种面向未来、勇于创新、跳出传统框架和思考模式的思维方式。新思维不断地塑造着人们对待事物的态度，深刻影响着行为模式与价值判断。它超越了物质层面的简单满足，触及灵魂深处，激发无限创意与变革。川久保玲在"我想破坏服装的形象"的新思维引导下，创造了在人体臀部、背部增加很多填充物的"肿块"作品。三宅一生在"发掘和服后面的潜在精神"的信念感召下，成为"服装创造家"，其作品游走于东西方文化之间，独树一帜。创造新思维，能在一般人认为不可能的地方创造种种可能。

　　在常规结构服装的设计探索中，"创造"新思维显得尤为重要，它是打破常规、激发创造力的关键。唯有拥抱"服装元素皆可重塑"的开放心态，方能挣脱既有认知的桎梏，自由驰骋于想象与创造的天际。设计之旅往往始于"加法"，广泛吸纳灵感与创意；随后，通过"减法"的艺术，依据服装的功能需求与结构美学，剔除冗余，精练至粹，最终成就设计之佳作。这一过程，不仅是技术的展现，更是理念与实践深度融合的结晶（图3-47）。

图3-47　"创造"新思维的服装设计（三宅一生 2022/2023秋冬系列服装）

（三）"创造"新结构

　　在标准服装构造中，领口的设计、袖窿的剪裁、胸部的塑形、腰部的收褶处理、门襟的扣合方式以及裤子的裆部结构，构成了服装最为关键的几个结构要素。这些要素的形态与结构随着时代与审美的演进不断演变，这也是结构主义服装设计能够持续发展的动力所在。尽管这些变化纷繁复杂，但它们始终遵循人体体态特征的核心原则进行创作。同时，为了丰富服装的视觉效果和设计感，设计师也会在不违背人体舒适度的前提下，对特定部位进行创意性的夸张变形设计。

"创造"新结构，实则是对服装关键部位及组件进行革新，通过解构手法，如夸大、拉长、缩减、省略、旋转、折叠、拼接、移位、交错、层次叠加及装饰元素的融入等，塑造出前所未有的视觉体验。而今，解构不再局限于简单的拆分与重组，其核心在于重组后所诞生的全新形式语言。在服装设计领域，语言的多样性和逻辑的合理性彼此支撑，加之解构技巧的无限创意与广泛实践，共同为服装结构带来了前所未有的深邃层次与不可预测性。一件仅仅被拆解却未能形成新平衡的服装，并不能算作是解构主义服装设计的佳作。那么什么才算解构主义设计的佳作呢？如图3-48所示，当设计师凭借独到的视角与精湛的手艺，重新塑造出既新颖又富有哲理的结构形态时，才算真正贯彻了"解构主义"的设计理念，实现了对传统结构的超越与革新。

（a）Richard Malone 2020春夏秀场　　　　　（b）Anrealage 2012春夏秀场

图3-48　对结构的关键部位和部件进行创新的服装

（四）"创造"新方式

"创造"新方式，不仅需要创新设计师的设计方法，更需要更新设计师的思维方式。现代服装设计领域的发展已深刻蜕变，不再局限于服装的美学构造，而是跨越至一个全新维度——即设计师需扮演问题解决者的角色，针对日常生活中人们的实际困扰提出创新方案。例如，面对消费者在运动中面临的温度调控难题，可以从服装的智能化设计入手，结合现代发达的工业技术赋予服装感知温度变化甚至调节温度的能力。又如，消费者存在改变形象的需求，那么设计师可聚焦于可变形或模块化服装，使单件衣物能通过简单调整适应不同场合，满足多元化的着装要求。当消费者存在雨天保持衣物清洁、干爽的需求时，则可考虑通过引入前沿的纳米科技面料，开发出防水防污的高性能服装产品。

服装设计中，"以人为本"的设计理念，核心在于将人的需求置于设计的最前端，深切关注并尊重穿着者的心理感受与穿着体验，使服装成为服务于"人"的贴心伴侣。而"人性化设计"，则进一步细化了这一原则。

无论是秉持"以人为本"还是践行"人性化设计"，其共同之处在于实现了服装设计焦点从"物"向"人"的根本性转变，这一转变不仅重塑了设计的方向，也向设计师提出了更为严格的挑战与要求，能够站在消费者的立场，细致入微地探索并把握服装在日常生活应用中的真实需求与期望，以此为指导进行思考与创作。这样的转变，无疑是对设计师综合能力与人文关怀精神的更高层次追求。

21世纪，信息技术与网络科技发展推动服装产业进入大众化定制时代，终结了"先产后销"模式，转向灵活的"按需定制"。在此模式下，设计师邀请消费者参与设计，经多轮互动调整，直至满足市场需求后才开始生产销售。这是设计师、消费者与营销团队协作共创价值的典范，如此"以人为本"与"人性化设计"的核心价值将得以深刻体现，服装不再仅仅是遮蔽身体的物品，而是成为真正贴合个人需求、展现个性风采的生活艺术品。

三、创造新的廓型

无论是无结构型创新，还是常规结构创新、非常规结构创新，都需要我们创造新的廓型，因此创造新的结构成为时尚界不可或缺的一部分。创造新服装廓型的意义深远，它不仅拓展了时尚设计的边界，还深刻影响了穿着者的体验、审美观念以及整个服装产业的发展。

（一）"创造"廓型的策略

创造新的服装廓型对于推动时尚创新、满足多元化需求、引领审美潮流、促进产业升级以及增强文化自信等方面都具有重要意义。设计策略对于确保设计项目的成功、提升产品的竞争力以及推动设计领域的持续进步具有重要意义。在"创造"廓型这一过程中可围绕以下四大核心策略展开。

1. 结构线的创新应用

服装结构线是指在服装图样上，表示服装部件裁剪、缝纫结构变化的线，又称分割线。设计师可尝试将传统结构线的位置进行偏移或重新定向，甚至将直线元素转化为流畅的曲线，以此打破常规框架。具体实践包括调整袖窿的高低、侧缝的前后位置与倾斜度，以及设计非传统、不对称或不规则的领口形状，从而赋予服装全新的视觉体验。

2. 重塑整体或局部造型

重视结构变化与造型设计的理念紧密结合，结合功能性设计，通过改变衣身、袖子、肩部乃至裤筒等关键部位的形态，来强化服装的整体风格与个性表达。

3. 利用不对称设计增添动感与趣味

这种设计打破了传统服装的对称结构，通过剪裁、图案、色彩、装饰等多种手法，创造出具有视觉冲击力和独特美感的服装作品。通过不对称的设计手法，设计师可以将自己的创意和想象力融入服装设计中，使服装成为一件具有艺术价值的作品。

4. 聚焦于下摆形态的创新设计

通过打破衣摆或裙摆的传统单一形态，引入多层、立体、不对称或前短后长等多种变化形式，为服装增添丰富的层次感和动态美感。

通过这些策略，可以推动服装廓型的多样化和个性化发展，设计师能够创造出既符合市场需求又具独特魅力的服装作品，满足消费者对时尚与个性的追求。

（二）"创造"廓型的原则

解构主义设计师同样需要崇尚和追求美，不过他们勇于对美与美感的概念进行剖析与重新诠释，从而创造了审美的标准和规则。

昔日，衣物破损、污渍或褶皱会让人们感到失态与尴尬，而今，这些元素却摇身一变，成为引领潮流、彰显个性的时尚符号，展现了一种超越常规、追求自由的另类美学。来自中国香港的设计师Robert Wun（云惟俊）曾说："我想做那种能足够结合两个极端，找到新平衡的东西。如果高级定制服只是华丽精致、以花为灵，那么大家都会做。"他将惊悚意味融入服装中，并转化为其他美丽的事物。审美观念的深刻变迁，人们的审美价值取向已经步入了一个多元化的新纪元。在现实生活中美以多种形式展现，简约与繁复皆是美，纯粹与装饰同样动人，新潮前卫之美与复古怀旧之韵并存，甚至"丑"与"怪异"也能成为独特的审美取向（图3-49）。

"创造"廓型在服装设计中是一个至关重要的概念，它要求设计师运用剪裁技巧、面料挑选以及结构设计等多种手法，精心塑造出服装别具一格的外在轮廓或形态。在这一创造性过程中，我们必须遵循"转换"的原则，这个原则旨在确保服装设计达到更高的质量水准。它包含了人体工学、时尚趋势、面料与剪裁技术以及细节与整体协调等多个方面的细致考量，最后精心构建出一种前所未有的、高度个性化的设计秩序。所有杰出的设计成果，无论历经多久的时间洗礼，都能熠熠生辉，解构主义服装也不例外。解构并不意味着简单粗暴和粗制滥造，它同样追求设计的精致与高品质。在打破传统结构的同时，还要建立一种全新的、富有逻辑的规则与秩序。换言之，无论设计灵感源自何方，在具体的结构设置、元素组合和形态布局等方面，均需遵循一定的法则或模式，以确保服装各个部分的变化与统一、整体与局部、服装与人体之间的关系。

图3-49　遵循审美的标准和规则的服装设计（Robert Wun 2024秋冬高定系列）

（三）"创造"廓型的方法

创意服装中新廓型的创造对于初涉服装设计领域的设计师而言，无疑是一项颇具挑战性的任务。为了助力这一创作过程，以下介绍两种高效且实用的方法，帮助设计师激发灵感，探索并创造出具有革新性的服装廓型。

1. 造型拼贴法

在20世纪初，艺术领域的两位巨匠——巴勃罗·毕加索（Pablo Picasso）与乔治·布拉克（Georges Braque），他们勇于探索并实验性地采用了多样化的媒介，以开创性的精神创作了前卫的艺术作品，孕育了一种全新的艺术表达形式——拼贴艺术（Collage）。拼贴艺术作为一种富有创造性的视觉艺术形式，将不同的材料，如报纸、杂志、壁纸、布料、照片等巧妙地粘贴在画布、纸张或是其他平面上，通过这些异质元素的融合与重构，创作出新的图像与设计。这一艺术实践，不仅展现了艺术家非凡的想象力与创造力，更是对传统绘画界限的一次大胆突破。

拼贴艺术迅速得到了立体主义与达达主义运动的广泛接纳与推崇，成为这些先锋艺术流派表达思想、挑战常规的重要手段。它赋予了艺术家前所未有的自由，使他们得以超越传统绘画材料与技法的限制，以一种全新的视角和方式来传达个人的情感、观念与审美追求。这一艺术形式的诞生，无疑为艺术界开辟了一片崭新的天地，激发了无数艺术家探索与创新的热情，至今仍在全球范围内产生着深远的影响（图3-50）。

在此，我们探索一种将拼贴艺术融入创意服装设计中的独特方法。借助"拼贴"这一技巧，帮助我们迅速勾勒出新颖的服装轮廓。随后，运用无限的想象力对这些轮廓进行巧妙的调整和合理化处理，最终孕育出别具一格的服装廓型。具体步骤如下：

（1）素材搜集：围绕设计主题广泛收集图像素材，确保素材的多样性和相关性，为后续设计提供丰富的灵感来源。

（2）图像素材创意转化：尝试以人体结构为基准，对图像素材进行巧妙的裁剪、拼贴、组合及堆叠操作，以此创造出独特的服装造型。此过程旨在打破常规，探索图像与人体形态的融合，可以利用杂志中丰富的素材，结合色彩、结构、材质的把控训练提高对创新造型的敏感度（图3-51）。

（3）线稿勾勒与轮廓提取：细致勾勒出经过创意转化的拼贴造型线稿，精准提取出服装的外轮廓线。这一步是连接创意与实际设计的桥梁，为后续的结构设计奠定基础。

（4）轮廓向结构设计转化：通过联想与发散性思维，将提取的外轮廓转化为服装设计中的具体结构。在此过程中，需注意结构的合

图3-50 拼贴艺术的作品：《吉他》（毕加索，1913年）

图3-51 利用杂志拼贴，创造服装廓型的训练（作者：李冰洁、王静、黎舒媚、车卓文、陈蓉惠）

理性与实用性，确保设计既美观又易于实现。

（5）设计元素细化与效果图绘制：结合具体的服装工艺要求，对设计元素进行细致入微的刻画与调整。随后，运用专业绘图技巧绘制出服装效果图，直观展现设计成果，为实际制作提供清晰指导。

（6）款式图绘制与制作准备：根据实际效果与制作需求，绘制出详尽的服装款式图。款式图应准确反映设计的各项细节，包括尺寸、面料、工艺要求等，为后续的服装制作提供精准无误的指导（图3-52、图3-53）。

通过以上步骤的实施，可以确保服装设计过程既富有创意又具备高度的可操作性和落地性。每一步都鼓励设计师跳出传统框架，无论是从素材的搜集到创意的转化，还是从轮廓的提取到结构的合理设计，都要求设计师具备开放的思维模式和敏锐的观察力。这不仅能提升设计师的个人能力，也能为整个服装设计行业注入新的活力。

2. 减法裁剪法

"创造"廓型，有时也会延伸或发展成为全新裁剪方法的创造。朱利安·罗伯茨（Julian Roberts）是"减法裁剪"技术的创始人与推广先驱，他将该技术阐释为一种构建中空结构的创新方法，广泛适用于男女时装、配饰乃至室内外产品的多样化设计之中。通过从固定的筒状面料中精心裁剪去除部分材料，从而颠覆了传统上从设计草图到板型制作的过程，使得设计作品更加直观呈现且充满随机之美。

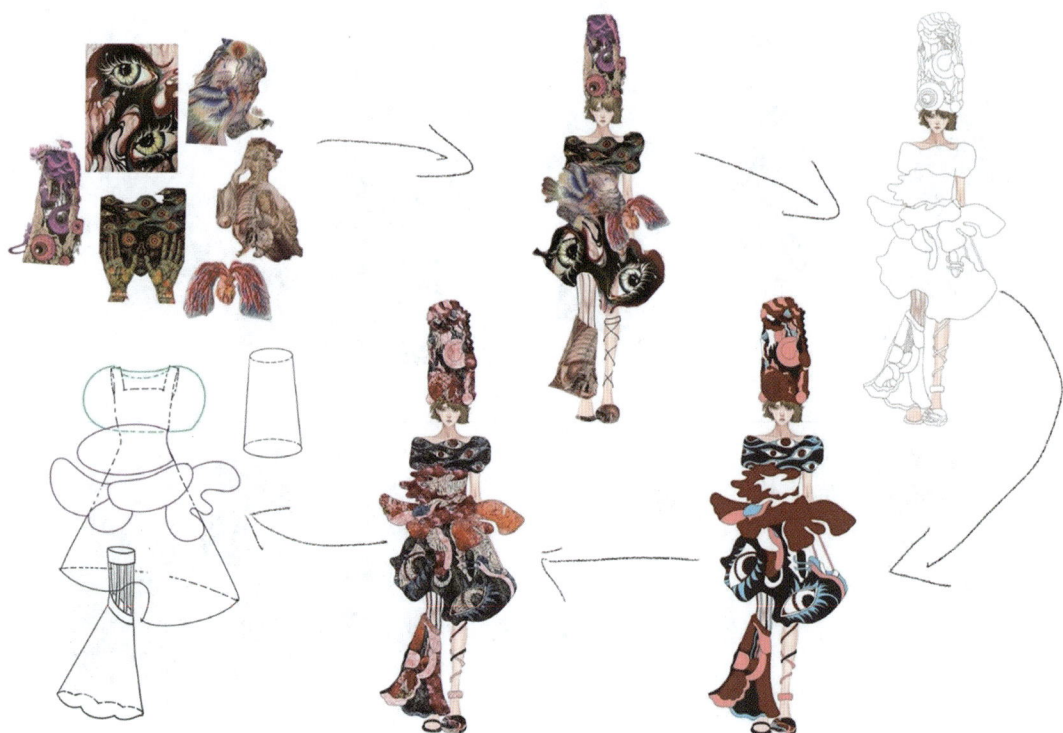

图3-52 "造型拼贴法"设计过程案例1（作者：李佳瑶）

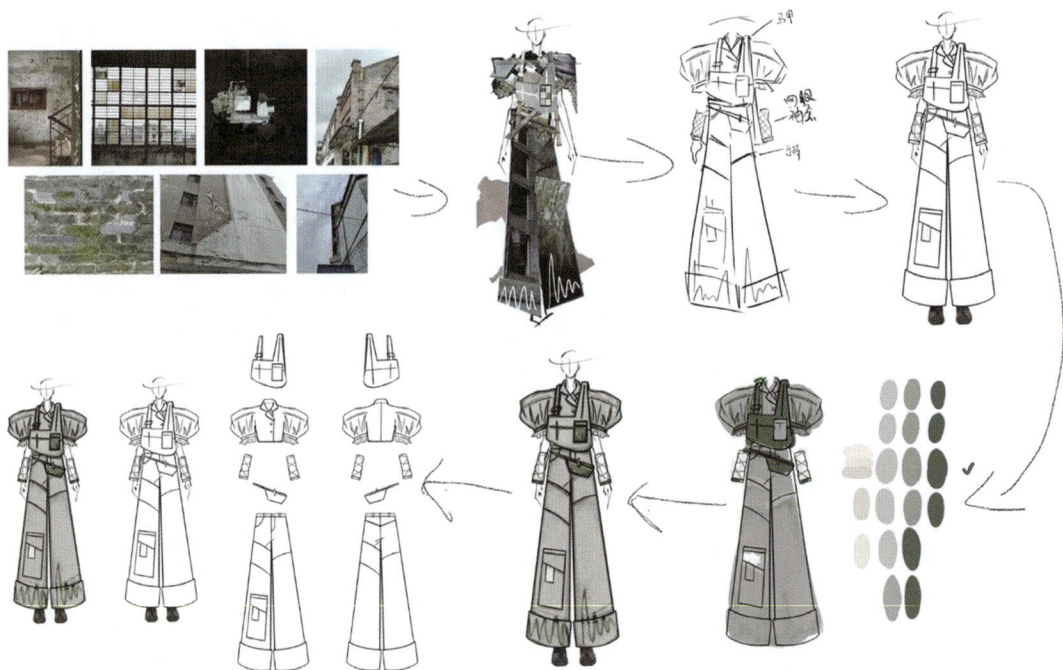

图3-53 "造型拼贴法"设计过程案例2（作者：郭咏愉）

"减法裁剪法"的核心精髓，在于减去大片面料中的一小部分，再经过简单的连接缝合，重塑服装形态，成就全新的裁剪方式。具体步骤如下（图3-54）。

（1）双层整幅面料上下叠置，将其左右和上边缝合。

（2）将前后衣身样板上下相对并倾斜交错地摆放在上面。

（3）用划粉描画样板边线。

（4）用外弧线连接两侧的上下腰点。

（5）剪掉前后衣身之间的上层面料。

（6）缝合前后衣片的肩缝、侧缝和弧线处。

（7）里外翻转衣物，将缝头隐匿于内。

（8）在人台上试穿调整，根据需要整理下摆形态和各部分细节，完成服装的制作。

图3-54　"减法裁剪法"英国设计师朱利安·罗伯茨

图3-55　将硬质面料融入减法裁剪之中
（马蒂切夫斯基2013春夏）

在澳大利亚备受瞩目的女装品牌Maticevski 2013春夏系列中，设计师托尼·马蒂切夫斯基（Toni Maticevski）巧妙地采用了"减法裁剪法"技术作为核心设计理念，通过选用质地挺括的面料，精心打造出既立体又富有雕塑美感的服装轮廓（图3-55）。与朱利安·罗伯茨所擅长的自然垂坠风格截然不同，马蒂切夫斯基将硬质面料融入减法裁剪之中，创造出了令人瞩目的雕塑式服装形态。这些独具匠心的雕塑轮廓不仅适合融入简约风格的服饰设计中，还能够作为设计中的点睛之笔，为服装增添特色。这一创新性的融合方法为设计师开辟了新的设计灵感源泉。

"减法裁剪法"作为一种前沿的设计模

式，其设计方式的创新和可持续发展的设计维度是未来设计师应该不断深入挖掘的方向，其构成状态灵活多变，有无穷无尽的创造想象空间。如调整样板摆放方向、分割样板数量、改变开口位置等方法，都能激发无限创意，解锁服装设计的全新维度。因此，减法裁剪不仅是裁剪技艺的一次革新，更是设计师们展现创造力与想象力的广阔舞台。

小结

　　本章深入探讨了关于服装结构的构成、服装结构的作用、造型与廓型的关系，引出结构主义与解构主义二者的联系以及在服装设计中的应用等概念。结合结构的创意类型，引导学生发现与创造，探索如何通过创新结构来创造独特的服装廓形。通过本章的学习，学生可以更加深入地理解服装结构在创意设计中的重要性，并能够在实践中灵活运用这些知识来创造独特的服装作品。

课后作业

　　1.思考：造型拼贴法对创新服装结构的创新有什么样的帮助?

　　2.探索不同的服装结构创新方法，并尝试将这些方法应用到自己的项目设计中，创造出新的服装廓型，并记录实验过程。

第四章
服装材质的创新探索

课题名称： 服装材质的创新探索

课题内容： 1.材质的探索

2.技法的探索

课题时间： 8课时

教学目的： 通过本章的学习使学生了解并掌握纺织材料和非传统物料的特性、分类和应用，增强对服装材质多样性的认识。培养学生探索和应用新型材料的能力，鼓励他们在设计中尝试和整合非传统物料。通过学习编织、拼缝、印染、刺绣和毛毡等工艺技法，提高学生的手工艺技能和实际操作能力，为创意服装设计提供技术支持。

教学要求： 理解不同材质的特性和可能性。理解不同的工艺技法的类别和特性。掌握材料的创新再造能力，通过实践操作加深对理论知识的理解和应用。

课前准备： 1.阅读相关章节，了解服装材质、服装工艺技法基础知识。

2.提前研究一些服装材质创新的案例，以便在课堂上进行讨论和分析。

3.根据项目主题，准备面料创新实验的材料和工具。

服装材质的创新可以为设计师提供更多的选择和灵感来源。传统的服装材料已经被广泛使用，而新材料的应用可以打破传统的束缚，帮助设计师创造出更加独特和前卫的作品。服装材质的创新不仅是技术层面的进步，更是设计思维与创意表达的革命。它为设计师开辟了一个全新的视角，使每一件作品都能成为对传统的一次超越，对未来的一次探索。在这个过程中，设计师不仅是在创造服装，更是在塑造未来时尚文化的轮廓，引领着人类穿着艺术与审美的新潮流。

在创意服装设计的广阔领域中，材质的探索与表现技法的探索是两大不可或缺的基石。它们相互交织，共同推动着服装设计艺术的发展与创新。本章将带领大家深入这两个领域，开启创意服装设计之旅。

第一节　材质的探索

面料作为服装创作的基础，承载着设计师的创意理念，是构成服装不可或缺的要素。若脱离面料空谈设计，无异于建造空中楼阁，缺乏实际支撑。在创意服装设计中，纺织材料及非传统物料的运用，充分展现了各类材质的独特魅力，为设计师开辟了广阔的选材与创新天地。这些材料不仅丰富了设计的可能性，更为服装作品增添了无限创意与生命力。

一、纺织材料

服装制作主要依赖于纺织品作为主料，要深入理解和区分不同纺织品之间的差异，首要任务是明晰构成这些纺织品的纤维各自具备的独特属性，并且掌握纤维、纱线如何交织成纺织品的内在关联。毕竟，纤维是织造纺织品的基石。依据服装面料所采用的纤维性质，我们可以将其大致划分为两大类：一类是以自然界中直接获取的天然纺织纤维制成的面料，另一类则是通过化学方法人工合成的化学纤维面料。

（一）天然纤维面料

天然纤维面料，顾名思义，是运用直接从大自然中获取的纤维素材加工而成的纺织物。这些天然纤维大致可以细分为植物纤维、动物纤维及矿物纤维三大种类。由天然纤维织就的面料，其显著优势在于环保健康、穿着体感舒适、透气性佳且吸湿性能优越，对人体无害。然而，它们也存在一些不足之处，如容易缩水、产生皱褶、磨损较快、易褪色、形态易变及耐用性相对较弱等。因此，在日常穿着与维护这些面料制成的衣物时，需要格外注意和细心呵护。

在原材料的选择上，天然纤维面料主要聚焦于棉、麻、丝、毛这四大经典类别。每一类天然纤维原料，在经过特定的工艺处理后，都能转化为多种类型的面料（图4-1）。这些天然纤维作为可循环利用的自然资源，深刻体现了"人与自然和谐共生""对自然的向往""倡导绿色生活"等质朴的哲学理念。由天然纤维面料制成的服装，无论是作为艺术品还是商品，都散发着自然、环保、简约、质朴、舒适的气息，给人一种回归自然、亲近本真的温馨感受。因此，天然纤维面料成为设计师的首选材料，深受消费者的喜爱，并在服装制作领域占据了主导地位。

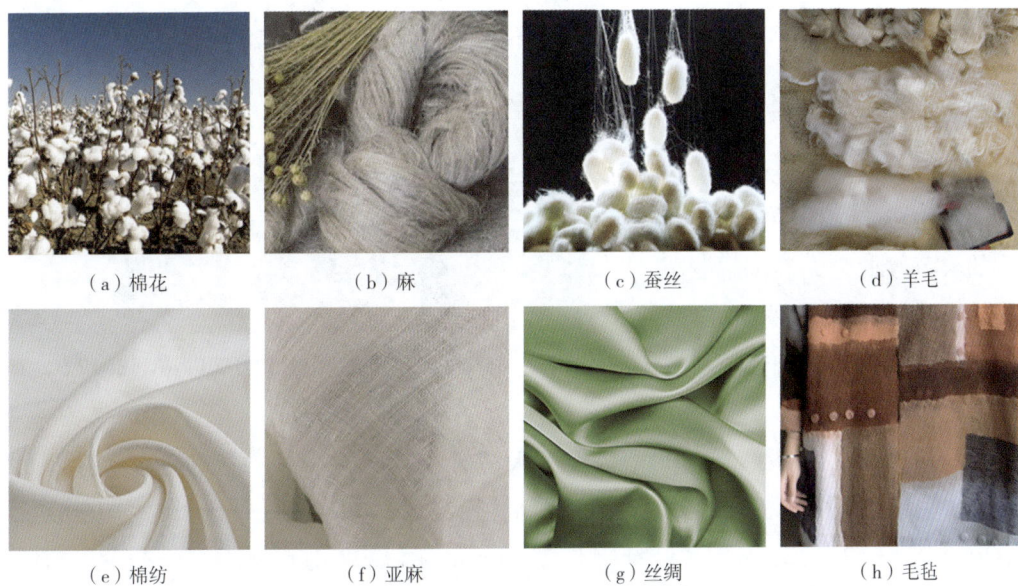

| （a）棉花 | （b）麻 | （c）蚕丝 | （d）羊毛 |
| （e）棉纺 | （f）亚麻 | （g）丝绸 | （h）毛毡 |

图4-1　天然纤维——棉、麻、丝、毛

1. 棉纤维

棉纤维是天然纤维中应用范围最广且极具实用价值的材料。它以其独特的魅力赢得了广泛的好评，无论是价格敏感的大众消费群体，还是追求前沿的高端品牌市场，都对棉纤维青睐有加（图4-2）。棉纤维的灵活性使其既适用于机织工艺，也适用于针织工艺。高品质的棉纤维能展现出如玻璃纱般的轻盈与柔滑，彰显奢华质感；而耐磨的帆布或卡其布，则凸显了棉纤维持久不衰的吸引力；牛仔布更是以其独特的韵味，成为跨越时代的经典时尚面料。

棉纤维的触感柔软舒适，并具备天然的吸湿性能。通过不同的加工处理，棉纤维可以呈现出多样的冷暖感受，真正实现了跨季节的穿着适用性。在自然状态下，棉纤维宛如一朵朵小云朵般的棉铃，预示着由它制成的终端产品将带来无比的舒适体验。目前市面上常见的棉纤维产品有我国的新疆棉、埃及长绒棉及美国匹马棉。

其中，我国的新疆棉主要分为两大类：细绒棉与长绒棉。这两者的核心差异体现在纤维的细度与长度上，长绒棉在这两方面均优于细绒棉。得益于新疆独特的气候条件和集中的产区，新疆棉在色泽、长度、异纤含量及强力等方面，相较于国内其他产区的棉花，均表现出众。采用新疆棉纺织的面料，不仅吸湿透气性能优越，光泽度也极佳，且强度更高。同时，由于纱疵较少，这些面料也成为国内纯棉面料品质的典范。此外，新疆棉制成的棉花被，因纤维蓬松性好，而具备出色的保暖性能。

图4-2　棉与蕾丝的搭配结合活泼的剪裁（博帕利2017春夏）

2. 麻纤维

麻纤维是一种从麻类植物中提取的天然纤维，具有多种独特的性能和广泛的用途。麻纤维的单纤维长度和线密度因品种而异，例如，苎麻纤维长 50～120mm，亚麻纤维长 17～25mm，黄麻纤维长 2～4mm。线密度也有所不同，苎麻纤维为 0.91～0.4tex，亚麻纤维约为0.29tex。麻纤维吸湿能力强，黄麻的吸湿性尤为突出，回潮率可达 14% 左右，吸湿散湿速度快。麻纤维还具备良好的透气性和导热性，能有效调节人体温度，即便在炎炎夏日也能保持肌肤的干爽与舒适，是制作夏季服装、床品及家居装饰品的理想材料。

苎麻纤维是一种生长于远古时期的一种野生可搓绳可纺织植物，由于具有独特的中空结构，这使它具有很好的透气性和吸湿性，同时还具有防腐、防菌、防霉等功能，被誉为"天然纤维之王"。苎麻纤维多用于制作粗犷、挺括、典雅的织物，如"夏布"。亚麻纤维以其独特的质感，能够在穿着过程中逐渐展现出柔软光泽，且越洗越软，越用越舒适，深受追求自然生活方式的消费者喜爱。黄麻纤维虽然长度较短，但其强度高、耐磨性好，是制造绳索、麻袋、地毯及土工布等工业用品的重要原料。

麻纤维的可降解性和环保特性，使其成为生态友好型产品的优选，符合当前可持续发展的潮流。值得一提的是，麻纤维还具有良好的抗紫外线性能，能有效阻挡紫外线的辐射，保护皮肤免受伤害，这对于户外服饰及遮阳产品的开发具有重要意义。

随着科技的进步，麻纤维的深加工技术也在不断发展，通过化学改性、生物酶处理等手段，可以进一步提升麻纤维的柔软度、染色性及抗皱性，拓宽其在高端服饰、功能性面料等领域的应用范围。麻纤维以其多样化的特性和广泛的应用潜力，在纺织行业中扮演着不可或缺的角色，为人类生活带来更多自然、健康、环保的选择。在时尚界，麻纤维以其质朴无华又不失高雅的风格，成为设计师们青睐的素材，被巧妙地融入各类服装设计中，展现出独特的东方韵味并与现代简约风格完美融合（图4-3）。

图4-3　精致的亚麻面料褶裥自然地蜿蜒于身体（华侨设计师殷亦晴的服装设计作品）

3. 蚕丝纤维

蚕丝纤维是一种非凡且充满奢华感的纤维，其价格有时甚至凌驾于黄金之上，足见其珍贵。蚕丝以其华丽的光泽和细腻的手感，被织造成各式各样的绸缎、提花织物及锦缎，传递出高贵而迷人的气息。丝绸面料自然垂坠，给人以性感、柔滑与飘逸的视觉与触觉享受，因此常被用于制作奢华内衣与光彩照人的晚礼服等高端服饰精品。

在众多自然纤维中，丝绸以其精致与优雅脱颖而出，成为无可替代的经典。尽管在20世纪30年代开始出现研发出尼龙材料替代丝绸，但丝绸的独特魅力与广泛认可度，使任何替代品都难以望其项背。长久以来，天然纤维深受服装设计师的青睐，而丝绸更是设计师梦寐以求的高端材料。

丝绸不仅强韧，其纤维尺寸与纤细本质均展现出非凡的韧性。相较于羊毛与棉，丝绸的韧性更胜一筹，甚至在相同重量下，其韧性超越了钢。它能抵抗矿物酸的侵蚀，却溶于硫酸之中。丝绸卓越的吸湿性能使其染料适应性极佳，全丝绸纺织品的保存寿命远超混纺丝绸产品。然而，丝绸的导电性能较弱，这使它在凉爽气候中穿着更为舒适；但低导电率也意味着它易受静电影响。丝绸的恒温特性使其冬暖夏凉，人们利用其隔热性能制作高档针织内衣，如滑雪服内层，其保暖效果无与伦比。丝绵与木棉作为最轻盈且保暖性最佳的绗缝材料，更是备受推崇。

通过不同的工艺手法，可以制作出风格各异的丝绸面料，且各具特色，展现出丝绸的无限魅力与可能性。例如，这几年流行的香云纱也是用丝绸通过天然植物薯莨的汁液作为染料，经过多次浸染、晾晒，以及与河泥中的矿物质发生化学反应，形成表面独特的乌黑发亮且带有微微光泽的质感，内里却保持着丝绸原有的柔软与滑爽。这种古老而复杂的制作工艺，不仅赋予了香云纱别具一格的色彩与纹理，更使其具有一种难以言喻的时间沉淀之美。

随着现代科技的进步，丝绸面料的生产工艺也在不断革新，出现了如数码印花、激光雕刻、金属镀膜等新型技术手段，使丝绸面料的图案设计更加灵活多样，能够满足不同消费者的个性化需求。这些新技术不仅保留了丝绸原有的高贵与柔美，还为其增添了现代科技感与时尚元素，让丝绸这一古老材质在新时代焕发出更加璀璨的光芒（图4-4）。

图4-4　香云纱登上中国时装周2024春夏发布现场（中国十佳设计师金惠教授作品）

（二）化学纤维面料

作为一种纺织面料，化学纤维面料的基础原料源自天然的或人工合成的高分子化合物，经由特定的加工流程得以制成。这类面料主要分为两大类别：人造纤维与合成纤维。

1. 人造纤维

人造纤维也被亲切地称为"纤"或再生纤维，它的诞生源于对自然界中丰富资源的巧妙利用。以木材、甘蔗渣、芦苇、竹子等天然聚合物为起点，经过一系列复杂的加工步骤，这些天然材料被转化为纤维形态。其中，黏胶纤维面料，又名"黏胶丝"，便是这一转化过程的杰出代表。它以木材为原始素材，通过从天然木纤维素中精心提取并重塑纤维分子，最终获得了这种纤维素纤维。黏胶纤维根据其长度和细度的不同，又可细分为棉型、毛型和长丝型，它们分别对应着人造棉、人造毛和人造丝这些我们耳熟能详的面料名称。

2. 合成纤维

合成纤维以其独特的"纶"字命名，彰显了其源于石油、天然气等资源，并经由人工合成与精密机械加工而成的身份。这一类别下，涤纶、锦纶、腈纶、维纶、丙纶、氯纶及氨纶等种类繁多，各自拥有独特的性能与用途，极大地丰富了纺织品的种类与功能。

在实际运用场景中，化学纤维面料的显著优点包括高强度与耐磨性，确保了衣物的持久耐用；良好的弹性与抗皱性能，让衣物保持挺括与形态之美；低缩水率则保证了衣物尺寸的稳定性；加之易清洗与快干的特点，大大提升了日常打理的便捷性；此外，其不易变形与不易褪色的特性，更是延长了衣物的使用寿命与美观度。但是，化学纤维面料也非尽善尽美，其存在的缺点同样不容忽视。相较于天然纤维，化学纤维的吸湿性与透气性略显不足，可能会在一定程度上影响穿着的舒适度；同时，纤维表面易产生摩擦，导致起球现象，影响美观；静电也使其容易吸附灰尘，增加了清洁难度；此外，部分化学纤维面料在与皮肤接触时，可能会产生一定的刺激感，对于敏感肌肤的人群而言，需特别留意。

化学纤维面料，其生产根基深植于石油资源，并经由化学工艺精妙转化而来，这一特性赋予了它成本低廉与坚固耐用的显著优势，这也导致了其制成的服装往往给人以档次不高、穿着体验欠佳的印象。因此，纯化纤面料的服装正逐渐淡出市场，转而更多地应用于窗帘、沙发布、装饰布等家居生活领域。但随着纺织科技日新月异的发展，化学纤维面料的缺陷正逐步得到改良，不少产品已融入了环保理念，并显著提升了穿着的舒适度。

3. 再生纤维

近年来，出现了多种类型的新型合成面料，也叫"再生纤维"，这些面料不仅拓宽了纺织品的范畴，也为时尚和环保领域带来了新的可能性，如甲壳素纤维、咖啡纤维、生物基塑料面料等（图4-5）。

（a）甲壳素纤维　　　　（b）大豆蛋白纤维　　　　（c）暖姜纤维

（d）咖啡碳纤维　　　　（e）聚乳酸纤维　　　　（f）海藻酸盐纤维

图4-5　再生纤维的类别
（图片来源：POP趋势网）

（1）甲壳素纤维。甲壳素纤维是一种由N-乙酰-2-氨基-2-脱氧-D-葡萄糖分子通过β-1、4糖苷键连接构成的多糖物质，这种结构也被称为N-乙酰-D-葡萄糖胺的聚合形态。在自然界中，甲壳素是紧随纤维素之后的第二大丰富天然有机高分子化合物。它的主要来源是动物界，特别是在甲壳类动物如虾、蟹的外壳中及昆虫的外壳和某些真菌（如酵母）的细胞壁中都有广泛分布。

在纺织领域，甲壳素纤维可纺制成长丝或短纤维，用于制作医用缝合线或纺织材料，同时也能以无纺布形式制作医用敷料，有效治疗烧伤、烫伤、冻伤等创伤，具有促进伤口愈合和抗菌消炎的作用。甲壳素纤维与其他环保纤维如天丝纤维、回收尼龙等的结合已被时尚领域看作是环保奢华材料的代表，被用于制作高端时尚产品，为时尚领域提供了动物源性材料的替代品，展现了可持续时尚的未来趋势。

（2）咖啡纤维。咖啡纤维是一种利用咖啡渣经过特殊处理而制成的面料。咖啡渣经过煅烧后制成晶体，再研磨成纳米粉体，然后加入涤纶纤维中，生产出一种功能性涤纶短纤。这种面料不仅保持了咖啡碳纤维的抑菌除臭、发散负离子、抗紫外线等特性，还通过材料设计的优化，提升了面料的手感效果、肌肤触感及性价比。

（3）生物基塑料。生物基塑料是近年来环保纺织领域的一大亮点，是由可再生资源

（如玉米、木薯等植物）通过微生物发酵获得的原始材料，再进一步加工制得的高分子聚合物。其中，聚乳酸（PLA）和聚羟基脂肪酸酯（PHA）是两种典型的生物基塑料。

PLA面料具有良好的生物相容性、生物可降解性以及无毒等优点。其生产过程中碳排放较低，且在使用后可完全降解为二氧化碳和水，对环境友好。此外，PLA面料还具有防潮性好、气体透过性低等特点，使其在食品包装、纺织等领域具有广泛的应用。PHA面料则是一种更加环保的选择。它广泛存在于微生物细胞中，是一种天然聚合物。由PHA制造的高分子材料在有氧、无氧条件下均可完全降解成对人体无害的成分。PHA面料在性能上优于PLA，但成本较高，目前仍在研发和推广阶段。

以上新型合成面料不仅丰富了纺织品的种类和性能，也为时尚和环保领域带来了新的机遇和挑战。随着科技的不断进步和人们对环保意识的提高，相信未来会有更多创新、环保的新型合成面料涌现，作为服装设计师，要时常关注面料科技前沿，与时俱进。

二、非传统物料

非传统物料在这里指非传统意义上的"纺织材料"，如金属、纸浆、铁纱网、塑料薄膜等，一般来说不会在常规的日常服装中见到，但它们作为艺术创作的媒介，我们应该尝试打破对材料的固定思维，从艺术创作的角度突破服装设计的边界。因此，从创新角度出发，对当代材料语言的探究能为材料的创新应用提供新思路，最终通过材料工艺与情感表达的创新实践，在实际探究中寻找到材料工艺与表达内容的新平衡点，完成一次当代材料语言在创意服装设计中的应用初探，它们能为作品带来意想不到的视觉效果与质感体验。

（一）金属

金属材质因其独特的物理和化学特性，在许多领域都有广泛的应用。大多数金属具有良好的导电性、导热性、延展性，使金属可以被加工成各种形状，在受到冲击或压力时不易断裂，如铁、铜、铝就是一种具有延展性和韧性的金属。金属可以通过锻造、铸造或机械加工等方法被塑造成不同的形状和尺寸，具有可塑性，同时，金属还可以被抛光、电镀或涂层，以提供美观的外观，这使它们在珠宝和装饰中非常受欢迎。这些特质使金属成为工业、建筑、电子、汽车、航空航天和许多其他领域中不可或缺的材料。

时尚设计中，金属材料的融入能够为服装赋予鲜明的未来主义与机械美学特质，提升服装的潮流感与时尚度。通过巧妙运用设计灵感与创新思维，精选合适的金属材料，并将其巧妙地融入服装设计之中，可以创造出既独特又充满未来气息的服装元素，为整体造型增添一抹别致的科技感与时尚魅力。在服装设计中，常见的金属材料有拉链、铆钉、纽扣等都是一些普遍的应用，而用金属制成的服装结构点在日常服装中并不常见，但在一些高端定制服装中，金属结构轮廓是被用来增加服装的设计感和未来感的一种常见手法，还可用作结构造型的支撑。如图4-6所示为Shaun Leane和Alexander McQueen共同打造的金属造型服装，在秀场上引起了巨大反响，成为金属材料在服装中的创新应用经典案例。如图4-7（a）所示为英国设计师克雷格·格林（Craig Green）应用金属作为服装造型的支撑；如图4-7（b）所示为Rabanne 2023秋季秀场上运用了各种金属片作为面料设计而超越常规服装造型。

图4-6　金属材质服装

（a）金属作为服装造型的支撑　　　　　　　（b）金属片作为面料设计

图4-7　金属元素服装

（二）塑料

塑料是一种广泛使用的高分子材料，根据其化学结构和物理特性，常见的塑料可以分为多个类别。聚乙烯（PE）常用于制造塑料袋、保鲜膜等；聚丙烯（PP）常用于制造食品容器、汽车部件、纺织品等；聚氯乙烯（PVC）常用于制造管道、电线电缆绝缘、地板材料、玩具等；聚氨酯（PU）常用于制造泡沫塑料、涂料、黏合剂、合成皮革等；聚乳酸（PLA）是一种生物可降解塑料，常用于制造包装材料、3D打印材料等。这些塑料类别各有其特点和应用领域，选择合适的塑料类型需要根据产品的具体需求和使用环境来决定。

在服装设计领域塑料的应用相当广泛，设计师利用塑料薄膜（如PU薄膜）可塑性高的特点，通过对材料的二次改造，创造出具有未来感的服装风格。通过热压技术与其他面料结合形成视觉冲击设计，或通过切割和拼接技术创造出不规则的图形和层次，从而强调个性和独特性。塑料薄膜的透明度、磨砂效果及丰富的色彩选择，使其成为制作时尚配饰和装饰品的理想材料。如图4-8（a）所示为迪拜设计师Michael Cinco将塑料和施华洛世奇水晶完美结合；如图4-8（b）所示为英国设计师Craig Green设计的"*men made of glass*"系列；如图4-8（c）所示为华伦天奴2016秋冬系列服装。

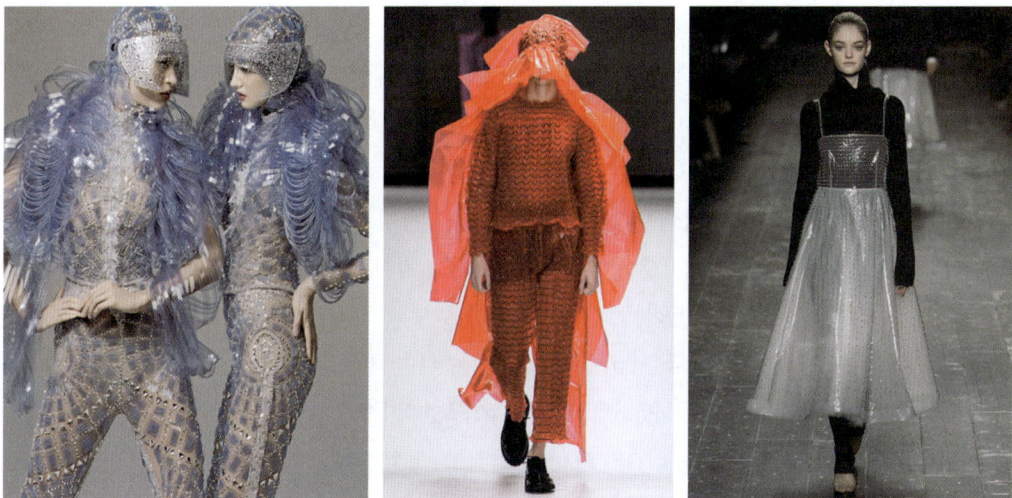

（a）迪拜设计师Michael Cinco作品　　（b）英国设计师Craig Green作品　　（c）华伦天奴2016秋冬系列服装

图4-8　塑料薄膜在服装设计中的应用

随着环保意识的提高，越来越多的设计师和制造商开始关注塑料薄膜的可持续性和环保性。一些艺术家和设计师将废弃的塑料薄膜融入艺术创作之中，这一举措不仅减轻了垃圾填埋与焚烧对环境造成的负担，还有效促进了资源的再循环利用。与此同时，一些具备社会责任感的企业正通过创新手段，将废弃物转化为具有市场价值的产品。例如，知名品牌拉夫·劳伦（Ralph Lauren）推出的 Earth Polo 系列便是一个典范，该系列中的每件T恤均由12个废弃塑料瓶转化而成，并采用了低碳染色及无水防染技术。拉夫·劳伦还定下了宏伟目标，计划至2025年回收1.71亿个塑料瓶，以此彰显其对环境保护的坚定承诺，并在时尚界树立了可持续发展的标杆。

塑料薄膜在服装设计中的应用具有多样性和创新性。它不仅为服装提供了防水、防护等实用功能，还为设计师提供了丰富的创意表达空间。同时，随着环保意识的提高和科技的持续进步，更多环保材料和工艺正在被研发出来，以替代传统的塑料薄膜，例如，生物基TPU薄膜的研发和应用，这都为服装设计领域带来更多的可能性。

（三）木材

木材作为一种天然有机材料，凭借其可再生性、美观性，优异的物理性能（如高强度重量比、硬度、耐磨性、热绝缘性、声学性能）及良好的加工性，在建筑、家具制造、装饰等多个领域得到广泛应用。同时，木材还具有环境友好性、调节湿度、生物可降解性等特点。木材种类繁多，按树种主要分为硬木（如橡木、胡桃木等，常用于家具制作）和软木（如松木、杉木等，多用于建筑和包装），每种木材有其不一样的色泽、纹理，因其特性不同而应用于不同领域。

在创意服装设计中，木材可以被视为一种创新的造型与材质选择，其独特的纹理、质感和可持续性为设计带来了全新的视角。例如，设计师可以巧妙地运用木材的切割片、雕刻品或是经过特殊处理的木质元素，融入服装的结构或装饰中，创造出既时尚又富有自然韵味的作品。这样的尝试不仅突破了传统服装材质的界限，还为观众带来了视觉与触觉的双重惊喜。然而，需要强调的是，在实际应用中，应确保木材的安全性和舒适性，避免使用可能对人体造成伤害的尖锐或粗糙部分，并考虑木材的可持续来源，以体现对环境的尊重与保护。如图4-9所示为英国设计师Craig Green的2013秋冬系列，以"影子和反射"为灵感，创造性地将木材融入结构性头饰设计中，这些木材碎片被用来制作面具，与服装形成了鲜明的视觉反差，产生了强烈的视觉冲击。这一独特的设计手法，不仅赋予了服装浓厚的戏剧色彩和艺术气息，还增加了服装的戏剧性和艺术性，也体现了他对传统男装的重新定义和实验性探索。如图4-10所示为维果洛夫2015秋冬高级定制系列"可穿戴绘画"，该系列作品将破碎的画框与布料结合，创造出高定礼服。他们将挂在墙上的"画作"取下，披在模特身上，将油画画框巧妙地融入服装设计中，创作出了一系列可穿戴的艺术品。

竹是多年生的草本植物，而藤属于藤本植物，竹和藤不能和木材一同归类，在这里我们暂且将竹和藤材料放在一起介绍。竹具有东方气韵，竹编和藤编作为传统手工艺的原材料，在服装设计中的应用可以为作品带来独特的文化韵味与工艺美感。竹编在服装中的造型应用多种多样，可以作为装饰性元素点缀在服装的某个部位，也可以

图4-9　运用木材设计制作的服装作品

图4-10　运用油画画框设计制作的服装作品

作为服装的主要结构部分。设计师通过巧妙的构思，将竹编元素与服装的轮廓、线条相结合，创造出既具有传统韵味又不失现代感的服装作品。例如，Balmain创意总监奥利维埃·鲁斯汀（Olivier Rousteing）在Balmain Spring 2023 Couture Collection中使用竹子这样的传统材料，他曾说这场秀是"对社会的一份声明，一封对土地和我们起源的情书"，这大概是对品牌历史和文化根源的一种致敬。在这个系列中，我们看到他尊重并借鉴历史与文化，响应环保与可持续性发展，融合传统手工艺与现代设计，展现出多元文化元素以及为服装设计增添艺术性和美学价值（图4-11）。

图4-11 竹子材料的创意设计应用（Balmain Spring 2023 Couture Collection）

（四）纸材

纸的原材料来自天然纤维，常见的有木材、竹子、麦秆、棉纤维、黄麻纤维、菠萝纤维等，根据不同的原材料和不同的工艺可以制作成不同的纸。通常情况下，纸广泛应用于书写和印刷，具有多种可优化以满足不同需求的特性。这些特性包括物理特性（如厚度、重量和尺寸），机械特性（如强度和弹性），光学特性（如白度、透明度和光泽度），化学特性（如pH和耐水性），印刷特性（如吸收性和平滑度），环境特性（如可回收性和生物可降解性），以及特殊处理（如涂层和防水处理）。纸张的感官特性（如手感）也会影响用户对印刷品的感知。根据不同的用途，纸张的这些特性可以进行调整和优化，例如，书籍印刷可能会选择平滑度高、吸收性好的纸张，而包装材料则可能需要更厚、更坚固的纸张。

纸质材料因其天然、可降解和可循环利用的特性，在时尚界中越来越受到重视。它们不仅减少了对塑料和合成材料的依赖，还突出了可持续性发展的价值观，推动了可持续时尚的发展。纸质媒介丰富的质感、多彩的颜色以及多变的形态，为设计师开辟了一个宽广的创意天地。从纸质服饰到各类配饰，再到纸质装置艺术及互动展览，纸质媒介的应用为设计增添了更多艺术灵感与创新思维，极大地丰富了时尚的美学维度与表现形式。如图4-12所示为俄罗斯艺术家Asya Kozina的作品，巧妙融合了剪纸、折纸与雕塑技艺，运用细腻的剪裁与折叠技巧，营造出充满动感的视觉效果。她以此构建出了独特的立体感和层次感，将奢华元素与传统工艺完美交织，创造出既蕴含现代艺术气息又不失华丽风范的服饰作品。如图4-13所示，在三宅一生2011秋冬系列上，几秒之内，一身黑衣的助理们通过折叠、装订、纸胶带、折纸元素，将一件服装

图4-12　纸与服装

图4-13　折纸元素的服装

这些变成了五件衣饰。如图4-14所示，荷兰顶尖纸造艺术家Peter Gentenaar将干燥有棱角的纸雕做成可以贴合女性曲线身体合穿的衣服，并同时传达美的感受，将纸雕艺术延伸到时尚领域。

Peter Gentenaar × Peter George d'Angelino Tap
跨界合作

图4-14　纸雕艺术的服装

（五）玻璃

玻璃工艺是一种将玻璃材料通过各种技术和艺术手法加工成实用或装饰性物品的工艺。玻璃工艺历史悠久，可以追溯到古埃及和美索不达米亚文明时期。玻璃工艺的技艺多样，有吹制玻璃、铸造玻璃、压制玻璃、熔融玻璃、玻璃彩绘等工艺手法，通过各种技术和手法将玻璃材料加工成实用或装饰性物品，广泛应用于日常生活、艺术创作及建筑装饰中。

玻璃在服装设计中的使用是一种富有创意和挑战性的尝试，如西雅图艺术家卡罗尔·米尔恩（Carol Milne）以艺术和美学的新视角，赋予了传统而普遍的针织工艺全新的诠释。2006年，她开创性地掌握了将熔点高达1500°F（815°C）的玻璃转化为柔软纱线并巧妙编织于针上的技术，这一创新融合了编织、脱蜡、模具制作及窑烧等多道复杂工序，使她成为针织玻璃艺术领域的先驱者（图4-15）。

又如，艾里斯·范·荷本（Iris van Herpen）与玻璃工匠伯恩德·温迈尔（Bernd Weinmayer）合作设计的玻璃裙——维度主义（*Dimensionism*）是一件充满创新性和前瞻性的作品。这件裙子完全由玻璃吹制，使用了耐热的硼硅酸盐玻璃"simax"，这种材料通常用于科学实验室而非时尚工作室。整件作品呈空心构造，通过手工自由形成，每条可见的玻璃线条均融合了空气与等离子体，从而展现出如水一般的透明度与反射效果。这件作品不仅是艾里斯·范·荷本对材料和形态探索的延续，也是她未来作品的一个隐喻，这预示着创新与手工艺的结合、实验精神的发扬以及合作模式的深化将持续推动发展。同时，美学观念也将不断进化与革新（图4-16）。

图4-15　玻璃材料

图4-16　艾里斯·范·荷本与伯恩德·温迈尔合作设计的玻璃裙

（六）可塑性材料

在艺术创作中，可塑性材料的选择非常广泛，艺术家们常常根据作品的需求和创作理念来选择合适的材料，其中包括黏土、石膏、水泥、橡胶、硅胶、泡沫胶、树脂等。将这些材料运用在创意服装设计中是极需要实验精神的，因为这些材料的选择不仅受到它们物理属性的影响，还会受到技术的限制，需要创作者不断地试验与创新，挖掘这些材料的全新应用方式及表现手法。

1. 黏土（轻黏土、聚合物黏土）

一般概念中的黏土主要由天然土壤矿物组成，通常用于雕塑和陶艺，可以塑造成各种形状，并通过烧制固定形状。随着新材料的出现，我们在日常手作场景中常见的有轻黏土和聚合物黏土。轻黏土也称为超轻黏土，是一种新型环保、无毒、自然风干的手工造型材料，因其不需烘烤，自然风干后不会出现裂纹的特性常被用于手工艺捏塑素材。聚合物黏土和传统黏土相似，但操作起来比传统黏土更加容易，可以进行精细的细节加工，通过烘烤硬化，适合制作小型饰品和复杂形状的小型雕塑，如韩国设计师Hee-ang Kim采用软陶和黏土将蘑菇的细节表现得淋漓尽致，作品中既有仿生的细腻，也具有首饰的精致有趣，让人们感受到与自然的亲近感（图4-17）。

图4-17　韩国设计师Hee-ang Kim采用软陶和黏土表现蘑菇的细节

2. 水泥

水泥是一种重要的无机胶凝材料，被广泛用于制造混凝土、砂浆、预制构件等，是现代建筑和基础设施建设不可或缺的材料。水泥与时尚，这两个看似毫无关联的元素，在常规思维下很难被联系在一起。然而，在创意与设计的无限可能中，它们却能碰撞出独特的火花，展现出令人意想不到的美学效果和实用功能。

关于水泥和织物结合的探索，艺术家、设计师、材料科学家都在进行着不同程度的探讨。20世纪90年代，中国艺术家尹秀珍便开创性地将衣物与水泥这两种截然不同的元素融入其艺术创作之中，她创作了第一件衣服与水泥结合的作品《衣箱》（图4-18）。在这件作品中，尹秀珍利用水泥将过去三十年间所穿过的衣物永久性地封存于父亲亲手打造的木箱之内，这些被水泥凝固的衣物不仅记录了她个人的生活

图4-18 《衣箱》 尹秀珍 1995

轨迹，更是那个时代的独特印记（图4-18）。

荷兰艺术家玛丽斯·霍弗斯（Marlies Hoevers）的艺术创作深入探索了一系列非传统媒介，如混凝土、水泥、纺织品、木屑及纸板等，以展现材料的不完美之美为核心，通过融合光滑、裂痕、斑驳、刮痕等多样纹理的组合，而非追求单一的完美平滑，巧妙地揭示了这些日常材料中潜藏的独特魅力与美感（图4-19）。

从尹秀珍和玛丽斯·霍弗斯的探索中，我们可以看到织物在水泥中的嵌入、固化，最终改变材料的质感和结构。水泥这种材质具有冷峻的灰色调、粗犷的纹理和坚硬的质感，与织物的结合创造出独特的视觉效果和材质感，为整体造型增添一份独特的工业美感，也为服装设计和艺术创作提供了新的思考与可能。

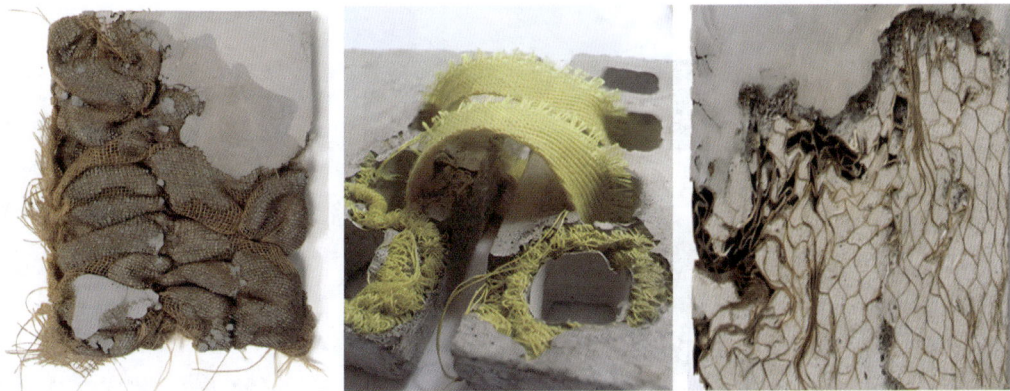

图4-19 织物和水泥结合的材料实验

3. 硅胶、泡沫胶

硅胶与泡沫胶虽同属高分子材料，但分属不同类别，具有不同的化学结构和物理特性。硅胶是一种由硅、氧、碳、氢元素构成的合成橡胶，具有优异的耐高温性、耐化学腐蚀性、耐臭氧性、耐紫外线老化性、电绝缘性及生物相容性。其质地柔韧富有弹性，可通过模压、挤出等工艺制成各种形状与尺寸，应用领域广泛。

在服装设计中常见的应用是作为硅胶涂层用于增强纺织品的耐磨性、耐洗性和耐用性，同时保持色彩的鲜艳和图案的清晰。除常规的应用外，硅胶还可以作为一种艺术表达的语言，如韩国艺术家Seulgi Kwon用硅胶创作的一系列表达生命消亡的创意首饰。将硅胶塑形成像玻璃一样的形状，同时混合线、羽毛和颜料，创作出既透明又多彩的首饰作品，硅胶的伸缩性和柔软性赋予了作品一种柔软的生命力（图4-20）。

图4-20　韩国艺术家Seulgi Kwon用硅胶创作的创意首饰

硅胶在服装创意表达中的应用，为设计界带来了兼具独特视觉美感与实用功能性的新维度，它作为一种媒介，体现了服装艺术的独特语言特征。如图4-21（a）所示，德国设计师Kasia Kucharska深入研究了蕾丝的起源，并以时尚视角解构蕾丝，运用硅胶制作蕾丝，将传统元素用抽象的概念重新与现代女性融合。如图4-21（b）所示，波兰设计师Joanna Prazmo的设计中，硅胶树脂被用来表达压迫与轻松之间的矛盾关

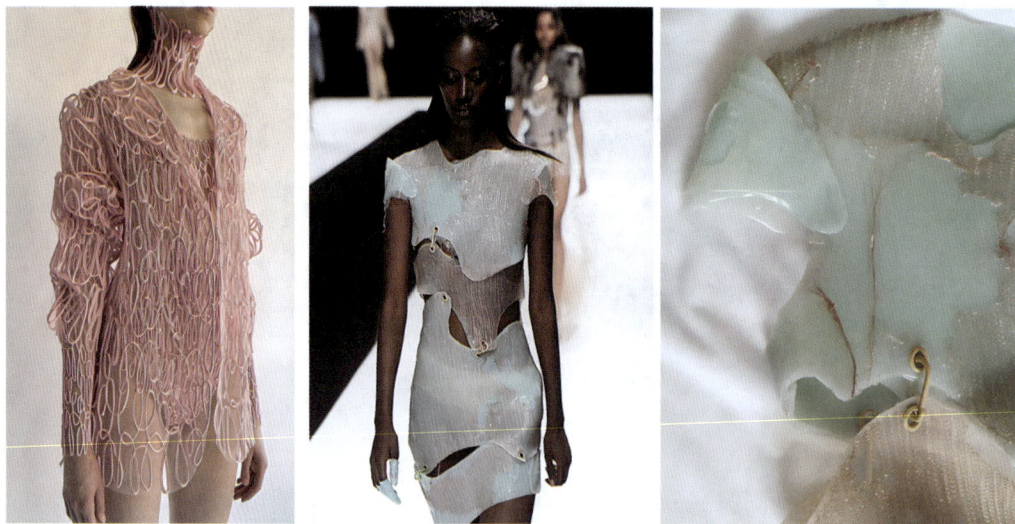

（a）德国设计师Kasia Kucharska作品　　　　　　　（b）波兰设计师Joanna Prazmo作品

图4-21　用硅胶制作的服装

系，同时也探索了人类与环境的融合。凭借硅胶材料所独有的质感丰富性与高度可塑性，设计师们得以创作出充满未来主义气息与艺术魅力的概念服装。这些作品不仅挑战了传统服装的界限，更通过硅胶的灵活运用，展现了前所未有的创意与想象力，将服装提升至一个既前卫又富有深意的艺术层次。

4. 树脂

严格来讲，树脂应该属于塑料一类，但由于它的可塑性而单独介绍，树脂材料既可由自然界获取，如松香和琥珀，也可通过人工合成方式制得，如聚乙烯（PE）、聚丙烯（PP）、聚氯乙烯（PVC）、聚苯乙烯（PS）及ABS树脂等。根据加工特性，树脂被划分为热塑性和热固性两类，前者能热熔冷固，后者则依赖交联剂实现线性聚合物的交联。近年来，有机硅树脂、聚酯类树脂等新型树脂在新能源及新材料领域崭露头角，展现出广泛的应用前景。尽管树脂合成技术已较为成熟，但仍面临环境污染、资源浪费以及材料降解、老化等挑战，亟待改进。未来，树脂材料的研究与应用将着重于可持续发展、提升性能及多功能化方向，以期解决现有问题并推动技术创新。

在探索可持续性时尚的道路上，英国设计师Louis Alderson Bythell从"生物服装"中汲取灵感，运用树脂材料进行创新设计，为可持续性时尚的未来提供了方案。他的设计无须后期缝制，风干后即可成型，随着时间流逝，这款面料甚至会风干并收缩成表面光滑的自然形状，其琥珀似的面料纹理清晰、透明可见（图4-22）。通过Bythell的服装我们看到了时尚与自然的和谐共生，以及科技在推动可持续性时尚方面所扮演的重要角色。

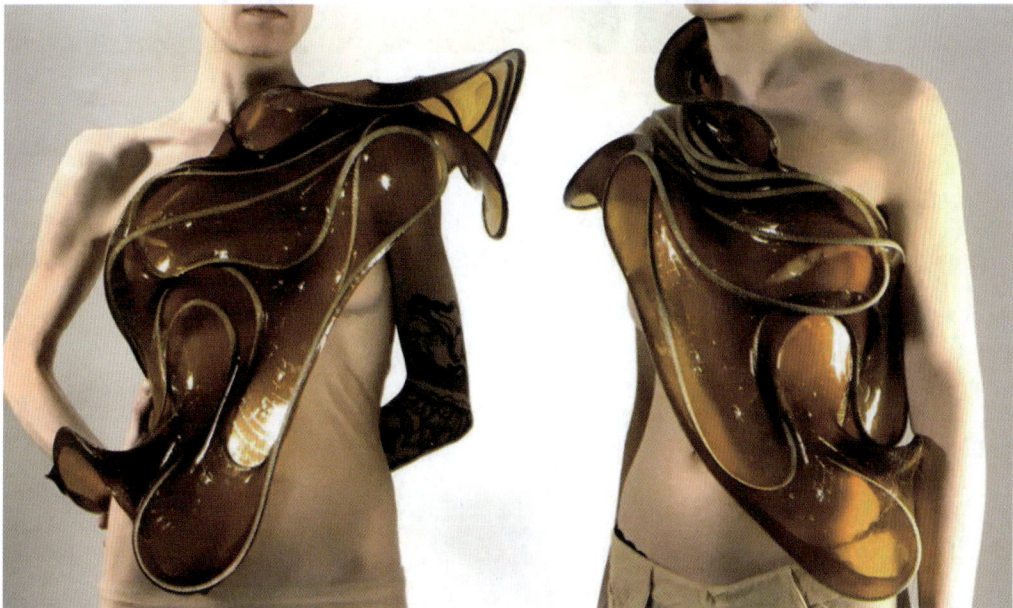

图4-22　英国设计师Louis Alderson Bythell运用树脂材料进行的服装创新设计

5. 发泡胶

发泡胶是一种具有发泡特性和黏结特性的胶，当物料从气雾罐中喷出时，沫状的聚氨酯物料会迅速膨胀并与空气或接触到的基体中的水分发生固化反应形成泡沫。它主要用于建筑领域，由于发泡胶可以与面料结合，创造出独特的纹理和立体感，也常作为一种工艺用于服装图案设计当中。

发泡胶也可以通过面料再造技术与其他材料，如线、绳、布、带、珠片等结合，采用刺绣、蜡染、扎染、叠加、堆积等工艺手段，使织物产生新颖的视觉效果。这种再造方式的主要特点是可以将新的想法不断地体现在服装设计中，通过多种材料的合理搭配使用，不但可以丰富服装设计的主题，还可以产生强烈的视觉冲击。如在Deviate fashion 2023春夏秀场上采用发泡胶技术，灵感源自设计者在创造的每个替代世界中，通过"幻想的作品"重新想象轮廓和结构。如图4-23所示的夹克是由Muslin夹克样品制成的，并涂上了喷涂泡沫保温层（喷涂泡沫保温层毫不费力地粘在织物上并膨胀），当喷涂泡沫胶干燥时，它被覆盖在喷涂泡沫中变硬的环状物中。

图4-23 采用发泡胶的技术制作的服装

（七）光和影

光和影属于自然元素，虽然不是可以触摸到的物质，但在艺术创作中光影是不可或缺的表现语言之一，它不仅能够塑造物体的体积和空间感，还能渲染氛围、表达情感，甚至传递更深层次的内涵，具有实体般的存在感和无限的表现力。

光影在服装设计中的应用是一种将艺术、技术与实用性结合的创新手法，光影能够塑造服装的立体感，通过巧妙的光影对比，服装的轮廓和细节得以更加鲜明地展现，增强了服装的空间感和深度。光导纤维材料的应用则为光影与服装的结合起到了灵动服装的效果，如在蒙口（Moncler）与棕榈天使（Palm Angels）联名的星空羽绒服中，使用了"发光布"，艺术总监Francesco Ragazzi将对未来的思考融入设计中，希望让作品超越传统羽绒服的概念，使穿着者成为夺目的光源，展现了艺术、技术与实用性的完美结合，还为服装行业带来了新的发展方向和无限可能（图4-24）。

光和影也不是一定要带有科技感，我们也可以回归到它的自然属性中与服装设计结合，例如，芬迪2021春夏系列中，光和影的元素被巧妙地融入设计和秀场布置中，创造出一种如梦似幻的氛围。秀场中使用了白色的窗帘，营造出摇曳的光影效果，显现出空灵的透视感。设计灵感来源于Silvia Venturini Fendi的记忆与光影、自然紧密相关。巧妙之处在于服装图案上运用了斑驳树影印花，这种印花在光影的作用下，能够产生独特的视觉效果，增加服装的立体感和动态美，创造出一种浪漫而富有诗意的视觉效果（图4-25）。

图4-24　Moncler与Palm Angels联名的星空羽绒服

图4-25　芬迪2021春夏系列中的光和影

随着科技的不断进步和创意设计的不断探索，光和影融入时尚设计中的探索会越来越多，相信未来会有更多令人惊叹的光影服装作品问世，为人们带来更加丰富多彩的视觉体验和审美享受。

第二节　技法的探索

材质的探索与表现技法相互交织，共同推动着服装设计艺术的发展与创新。前面我们对丰富的材料世界进行了探索，而实现这些材料的创新则要依赖于服装加工技法。我们可以将技法的探索看作是一种艺术表达的语言，这种语言承载着设计师的情感与理念，而每一种技法都如同一种独特的词汇形成了丰富的服装语言推动服装的创新设计。

接下来，我们将从编织、拼缝、印染、刺绣、毛毡五个大类进行表现手法的介绍，为创意服装提供更多的技术手段。

一、编织类工艺

编织技法是一种将线形材料通过手工或机械方式相互交织成织物的技术，它包括多种不同的方法和技巧，如编织、针织、绳结等。

（一）编织工艺

编织工艺是一种传统的手工艺，它涉及使用线形材料（如棉线、毛线、丝线等）通过经纬交织的方式，结合特定的编织技艺来塑造出不同的形状和图案。这种技艺不仅要求编织者具备一定的手工技能，还需要对色彩搭配、图案设计具有一定的理解和创造力。传统的手工编织技法常出现在缂丝作品（图4-26）和编织壁挂作品（图4-27）中。

机织，同样是一种经纬交织的编织。依据多样化的织物结构来构建机织物，使机织技术特别适合于做各种复杂的提花图案。机织技术相对传统手工编织具有较高的生产效率，能够大量生产具有统一质量和外观的机织物。这使机织物在服装、家居装饰、工业用品等领域都有广泛的应用。机织提花织物还具有手感柔软、色彩鲜艳、图案丰富等特点，而手工编织手感厚实硬挺，图案创作更适用于个性化的表达。如图4-28所示为中国丝绸博物馆用复原的成都老官山汉墓出土的西汉提花机，成功复制了新疆尼雅遗址出土的国家一级文物"五星出东方利中国"汉锦，成为业界首例对"五星锦"的原机具、原工艺、原技术复原。

图4-26 《缂丝花鸟》（南宋 朱克柔 台北故宫博物院藏）

图4-27 现代编织艺术作品（作者：林汉聪）

图4-28 传统提花机

无论是传统的手工编织还是机织编织，在现代服装设计中都迎来了新的发展机遇，设计师通过提升基于编织艺术形式的创新研究能力，将编织技术应用于服装设计和制作中，为服装增添独特的艺术感和时尚感。维果洛夫在2016/2017秋冬发布"Vagabonds"系列服装，灵感来源于英国小说家查尔斯·狄更斯笔下维多利亚时代伦敦的流浪者。设计师维克托·霍斯廷（Viktor Horsting）和罗尔夫·斯诺伦（Rolf

Snoeren）使用了来自过往季节的面料和服装，通过手工撕裂、混合和编织，创造出新的体积感和质感。这个系列的设计哲学将高级定制工艺的理想应用于编织和拼贴技术，强调一种夸张的、故意"手工制作"的美学。这个系列是对编织工艺在高级定制时装中应用的一次创新尝试，不仅展现了编织作为一种艺术形式的多样性，也体现了设计师对于可持续时尚和材料再利用的深刻思考。通过这种方式，维果洛夫将编织艺术带入了高级时装的领域，为传统工艺赋予了新的生命和现代意义（图4-29）。

图4-29　维果洛夫2016/2017秋冬发布"Vagabonds"系列服装

（二）针织工艺

针织工艺是一种将纱线或线材通过一系列循环动作相互套接形成织物的工艺，不依赖于经纬线的交织，而是通过特定的针将线材绕成一个个环状结构，并将这些环相互锁扣形成织物。针织工艺包括钩织、棒针编织、针织机等。

1. 钩针

钩针织物的花样比较自由，从头到尾仅有一支钩针与一根线，可以钩出许多自由型与花型、圆型等。钩针织物的组织结构具有灵活性，一根小小的钩针，通过灵巧的手可以创造出无穷的样式，实现任意的装饰效果。无论是镂空的艺术效果还是小型的立体织物造型，根据不同的钩编针法都可以实现。

2. 棒针编织

棒针编织是一种手工编织方法，使用棒针（通常是两根或四根一套的直棒针，或两头都可以织的环形针）将纱线编织成线圈，这些线圈相互套接形成织物。棒针编织可以制作出各种花样和图案，如毛衣、围巾、帽子等。棒针编织的优点是可以编织出丰富的纹理和图案，但编织速度相对较慢。棒针织织物的结构与经纬交织的织物有所不同。在棒针织物中，纱线在一个线圈横列中形成线圈，一根纱线形成的线圈沿着织物的纬向配置，这与纬编针织物类似。纬编针织物是由纱线沿纬向喂入，弯曲成圈并互相串套而成的织物。棒针编织的织物通常具有较好的弹性和延伸性，因为线圈结构织物在受到拉伸时线圈的高度和宽度可以互相转换。棒针编织的针法和技巧多样，持线、持针方法包括双针双线起针方法、绕线起针方法、钩针配合毛衣针起针方法和单罗纹起针方法等。这些基本针法可以组合成各种复杂的图案和结构。

3. 针织机

针织机织物是通过针织机制造的织物，生产效率较钩针、棒针织物要高，与机织（经纬交织）织物在结构和生产方式上有所不同。针织机织物由一系列线圈组成，这些线圈通过针织机上的针床相互串套。每个线圈可以独立于相邻的线圈移动，这使针织物具有很好的弹性和延伸性。针织机织物可以分为两大类：纬编针织物和经编针织物。纬编针织物是最常见的类型，如汗布、罗纹布等。经编针织物则使用一组或多组纱线在针织机上形成复杂的图案和结构。针织机可以生产出各种不同的图案和纹理，包括条纹、网眼、提花等，这为设计师提供了广泛的创作空间，也因其独特的结构和性能，在现代纺织工业中占有重要地位，是时尚和功能性服装的重要材料之一（图4-30）。

针织技法在服装设计中的创新应用是一个不断发展的领域，许多设计师通过将传统针织技艺与现代设计理念相结合，创造出独特的时尚作品。这些作品不仅展现了钩针技法的多样性和灵活性，还体现了设计师对时尚趋势的敏

图4-30 钩织、棒针织、针织机

锐洞察力和对传统文化的深刻理解。如Y/PROJECT 2022秋冬成衣系列在针织应用上展现了设计师Glenn Martens的创新精神和对传统针织技术的现代诠释。该系列运用针织技法塑造服装的轮廓和线条，使服装更具立体感和层次感（图4-31）。

在时尚界，针织技法已经成为一种备受瞩目的设计元素。越来越多的设计师开始关注和研究钩针技法，以探索其在服装设计中的更多可能性。同时，钩针技法也为服装设计师提供了一种全新的设计思路和表达方式，使他们能够创造出更加独特和具有竞争力的时尚作品（图4-32）。

图4-31　Y/PROJECT 2022秋冬成衣系列

图4-32　编织技法在服装设计中的运用和表达

（三）绳结工艺

绳结工艺将绳线通过各种方式打结，形成具有装饰性或实用性的图案和结构（图4-33）。绳结艺术在中国有着悠久的历史，最早可以追溯到约公元前2600年的商朝时期。古代中国人使用绳结来记录和传递信息，以及进行农业和渔业工作。随着社会的发展，绳结还被用作装饰和艺术创作。

绳结的形状和组合多样，不同的绳结会有其自身的内涵和解释。线或带的交错、扭曲、缠绕和拉动组合成三维平面或图案，形成绳结的最终形状。在服装设计中，绳结的形态和模式可以是多样的，有时抽象，有时具体，但都有其特定的含义。因此，绳结在服装设计中的应用从一开始注重实用，逐渐转变到装饰并呈现出象征意义（图4-34、图4-35）。

绳结工艺在现代服装设计中的应用，不仅丰富了服装的图案和配件种类，也使服饰体现了民族精神底蕴，成为连接传统与现代的桥梁。

二、拼缝类工艺

拼缝工艺是一种在服装设计中广泛应用的工艺，它将不

图4-33　具有装饰性或实用性的绳结工艺

图4-34　绳结工艺在日用饰品中的应用

图4-35　秀场中的绳编服装

同材质、颜色或图案的面料通过缝合的方式拼接在一起，形成独特的视觉效果和结构设计。其中包括多种技法，如手工拼缝技法、绗缝技法（机器绗缝和自由绗缝），其他工艺技法如褶皱法、叠加法、镶嵌法、切割法、火烧法、加热法、填充法等。

（一）手工拼缝法

手工拼缝也叫"拼布"，是一种传统的缝纫技术，它使用针和线手工将布料或其他材料缝合在一起，是一种匠心独运的艺术表达。即便是在机械化生产盛行的现代缝纫领域，手工拼缝依然占据着不可替代的重要地位，尤其是在高级定制服装、修补、刺绣和某些特定类型的手工艺品制作中。

在中国传统文化中，"拼布"也叫"百衲"，最早与佛教有关，指的是僧侣为了表示苦修而穿着的由多块布料拼缀而成的衣物，称为"衲衣"。在中国民间，人们将零碎的布头或旧衣物剪成布块，拼接成生活必需品，百纳技艺的特点是将小块的织物按照一定结构和规律拼缝而成，形成整体的织物。这些织物结构和色彩纹样显示出丰富的时代特色，形制多变，形状不定，常见的有菱形、长方形、三角形等多种几何形状的面料拼接。这种技艺不仅体现了物资的循环利用，也展现了民间劳动人民的智慧和创造力（图4-36）。

图4-36　中国传统铜钱纹云肩及"百衲衣"

拼布手法承载着丰富的历史和文化内涵，服装设计师通过在现代服装设计中运用传统拼布手法，将当地的传统文化和艺术特色融入服装中，既能展现设计师创意，同时也能成为文化输出的重要途径。例如，在韩国首尔发布的香奈儿2015/2016早春度假系列在这个系列中，设计师卡尔·拉格斐（Karl Lagerfeld）从韩国传统服饰"韩服"（Hanbok）中汲取灵感，将韩服的轮廓和传统拼布的图案色彩融入设计中。香奈儿发布会中的韩国传统拼布印花，体现了拼布手法在服装设计中的文化输出功能（图4-37）。

图4-37 香奈儿2015/2016早春度假系列

（二）绗缝技法

绗缝是一种将多层布料、填充物和衬里缝合在一起的工艺技术，通常用于制作被子、床罩、服装和其他家用纺织品。绗缝的主要目的是将填充物（如棉絮、羊毛、马鬃、羽毛等）固定在两层或多层布料之间，以增加厚度、保暖性和装饰性，形成具有装饰性的凹凸表面。

1. 手缝绗缝

手缝绗缝往往承载着匠人的情感与温度。匠人凭借着对材质特性的深刻理解和对手工艺术的热爱，在织物上勾勒出细腻而富有层次感的图案。这种手工绗缝的作品兼具艺术性与独特性，深受收藏家与爱好者青睐（图4-38）。

图4-38 韩国传统包袱布"Bojagi"

2. 自由绗缝

自由绗缝是一种机器缝纫技术，它允许操作者自由控制布料移动，从而在织物上创造出各种装饰性的图案和纹理。这种技术类似于用缝纫机在布料上"绘画"，而线则成为绘画的颜料。自由绗缝不限于材料的选择，热衷于对创新材料的探索与尝试，通过手法的变换可以产生非常个性化和独特的肌理材质感。

在进行自由绗缝时，通常需要使用特殊的绗缝压脚。这种压脚允许织物在缝纫过程中自由移动，不受传统压脚对布料移动的限制。因自由绗缝技法手工操作的不可复制性，每一件自由绗缝作品都是独一无二的，在拼布艺术中非常受欢迎（图4-39）。

在创意服装设计中，绗缝技术的应用越来越广泛，设计师们不断创新，将传统绗缝技艺与现代时尚元素相结合，创造出既实用又具有艺术感的服装。绗缝服装不仅可以在冬季提供保暖效果，其独特的纹理和图案也为服装增添了时尚感。这种独特的手工感和个性化设计，为服装增添了独特的视觉效果。无论是在高级定制时装还是日常休闲装中，绗缝都是一种增加服装层次和视觉效果的有效手段（图4-40、图4-41）。

图4-39 用自由绗缝技法创作的拼布作品（作者：黄晓晴、陈丽华）

（a）弗朗西斯科·斯科涅米格里欧 2015秋季成衣

（b）缪缪2021秋冬成衣

图4-40 秀场上的绗缝服装

图4-41　自由绗缝在创意服装设计上的应用（作者：陈丽华）

（三）其他工艺技法

1. 褶皱法

褶皱法在服装工艺中扮演着至关重要的角色，它通过变换面料形态，显著增强了服装的立体层次与装饰美感。主要分为压褶工艺和抽褶工艺。其中，压褶工艺通过将面料折皱或重叠，利用机器压烫或机器缝制固定成型，创造出规律而工整的视觉效果，赋予服装秩序感与力量感，可分为基础压褶与特种压褶两种。基础压褶包括平行褶（排褶）、对褶、工字褶、压线褶、交叉褶等；特种压褶如风琴褶、牙签褶、波浪褶、竹叶褶、太阳褶、手褶、乱褶及粟米褶等，则进一步丰富了服装的视觉效果与个性表达。

抽褶工艺通过面料集聚收缩或抽紧，形成自然、丰富且无规律的褶裥效果，可分为单向与多向两种。单向褶纹呈平行或近似平行排列；多向褶纹则呈放射状，具有强烈的方向性。抽褶特别适用于轻薄织物，通过调节褶纹的宽度与丰满度，为服装增添独特的装饰效果（图4-42）。

图4-42　不同的材料结合不同的褶皱工艺

2. 加热法

服装工艺中的加热法涉及多种加工方法，每种方法都需要结合材料的特性来考虑，包括火烧法、水煮法、熨斗热压法等。

（1）火烧法。火烧法是一种创新且富有挑战性的面料处理技术，它利用加热或火烧的方式，刻意对面料进行局部处理，以去除其原有的平整或完美造型，从而创造出一种独特的火烧破损效果。这种技术不仅为服装增添了视觉上的层次感和质感，还赋予了作品以独特的艺术气息和个性表达。在实施火烧法时，设计师需要根据所选面料的材质、厚度以及期望达到的效果，精准控制加热或火烧的温度、时间和范围。不同的面料对火烧的反应各不相同，有的会产生焦边、裂纹，有的则可能形成独特的炭化纹理或烟熏色彩。这种火烧破损效果不仅为服装带来了自然的、不造作的美感，还巧妙地掩盖了面料上可能存在的瑕疵，提升了整体的视觉效果（图4-43）。

（2）水煮法。水煮法是服装制作中一项独特的后期处理工艺，它专门应用于处理全化学纤维材质的面料，尤其是像欧根纱这样的轻纱材料。常见的欧根纱主要由100%涤纶（Polyester）或100%尼龙（Nylon）构成，也有涤纶与尼龙、涤纶与人造丝、尼龙与人造丝混纺的版本。这些化学纤维因其出色的耐热性能，能够承受一定温度的水煮处理而不会受损。进行水煮法处理时，通常会将欧根纱面料进行捆绑定型，

（a）安娜琪琪2023秋冬　　　　　　　　　（b）Robert Wun 2023春夏

图4-43　加热法中的火烧法在服装设计中的应用

随后置于沸水中煮制5~10分钟。此工艺不仅有助于面料保持其原有形状，提升面料的稳定性，还能创造出独特的纹理效果，提升视觉层次感。得益于欧根纱的化学纤维成分特性，这种处理方法非但不会对面料造成损害，反而能充分利用其耐热特性，进一步优化面料的整体性能（图4-44）。

（3）熨斗热压法。熨斗热压法是一种通过精确控制烫斗释放的热量与施加的压力对面料进行塑形、定型的服装工艺。在实施熨斗热压法时，需要根据面料的材质、厚度以及所需的熨烫效果，灵活调整熨斗的温度与施加的压力。对于质地轻薄、易于变形的面料，如丝绸、棉麻等，采用较低的温度与轻柔的压力，以避免对面料造成不必要的损伤；而对于质地厚重、组织结构紧密的面料，如

图4-44　水煮加热法能使得欧根纱定型

牛仔布、合成纤维等，则需要适当提高温度并加大压力，以确保熨烫效果达到最佳；在热压塑料时则需要使用硅油纸隔绝熨斗和材料以免熨斗被塑料弄脏。通过控制熨斗的温度、湿度、压力和时间，可以塑造出各种特殊的熨烫效果，如褶皱、波浪纹等，为服装增添独特的艺术气息和个性表达（图4-45）。

图4-45　热压加热法塑料材质实验

3. 切割法

切割法是一种通过特定工具与技法将面料按照设计图案进行剪裁的工艺，可以创造特定的设计效果。不同面料对切割方法的适应性不同，设计时需考虑面料的材质、厚度与弹性，选择最适合的切割工具与方法。切割法能够创造出丰富多样的图案与肌理，从简单的几何形状到复杂的形态，都能通过切割技术得以实现。通过不同面料、不同颜色或不同材质的叠加切割，可以创造出丰富的层次感，增强服装或布艺作品的视觉吸引力。切割法不仅用于美学表达，还常用于实现特定的功能需求，如通风、透气、塑形等。例如，在运动服装设计中，通过切割技术形成的网眼结构可以提高服装的透气性。

通过对布料切割形成不同的造型构成千变万化的组合和戏剧张力。图4-46中，模特穿着一件切割独特的蓝色上衣，采用多层次褶皱设计，颜色由深蓝至浅蓝渐变，模拟出水波纹的视觉效果，整体裁剪流畅而富有层次感。

图4-46　服装中的切割应用

4. 叠加法

　　叠加法是通过多层次组合实现服装设计效果的工艺技术，其核心在于将不同元素（如面料、款式、色彩、图案、装饰物等）进行叠加，兼顾协调性、对比性及整体的美感，创造出具有个性和创意的服装作品。艾里斯·范·荷本2018秋冬系列的灵感来自维多利亚时代的计时码表，将丝质欧根纱经褶皱效果和液体涂层处理，以不同方向折叠再层叠，形成了这样一件件堪称完美的透视成衣（图4-47）。

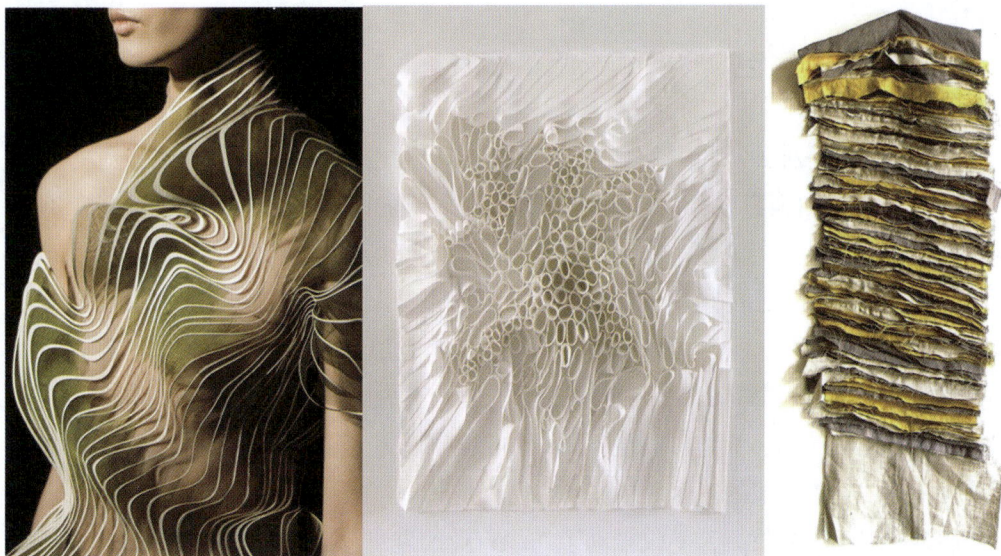

图4-47　褶皱叠加法在服装中的应用及叠加样式

5. 填充法

填充法是通过在服装的面料与里料之间填充特定材料的工艺技术，主要用于增强服装的保暖性、造型性或功能性，并塑造出独特的服装轮廓与立体效果，例如泡泡袖、立体口袋等设计，为服装增添趣味性和时尚感（图4-48）。

图4-48 填充法应用（瑞克·欧文斯2017秋季男装）

三、印染类工艺

印染工艺是一种独特的服装工艺，是面料和服装色彩再造的加工方法。通过选择不同的技术手段和染料组合，可以创造出丰富多彩的图案和色彩效果。印染工艺不仅能够提升纺织品的美观性，还能增加其附加值。印染也称染整，其历史可追溯至新石器时代，当时人类已能利用赤铁矿粉末对麻布进行染色。该技术涵盖了多种工艺手法，如果将"印"和"染"分开解释，"印"包括了拓印、丝网印、数码印花等技术；"染"则包括了扎染、蜡染、植物染等需要浸染染料的工艺。这些印染方法各具特色，有时也不是单独使用，为能够满足不同织物和各种染色需求，匠人们会将多种印染技艺结合使用以达到理想的艺术效果。

印染技术的不断发展，不仅推动了纺织行业的进步，也为人们的生活带来了更多的色彩和美感。从古代的天然染料和手工操作，到现代的合成染料和自动化生产，印染技术不断革新，为人们提供了更加多样化、个性化的纺织品选择。下面选择几种常见的印染技艺展开介绍。

（一）天然植物印染

1. 扎染

扎染是利用线绳捆扎布料后进行染色使织物产生独特花纹和图案的染色工艺，古时称扎缬、绞缬，历史悠久，是中国传统手工印染制品的重要种类。其制作出的每件作品因捆扎位置，图案不同而呈现独一无二的效果。近年来，扎染影响了许多时尚品牌，成为时尚设计的一种独特风格，如德赖斯·范诺顿男装的扎染风格儒雅高级，大面积地运用扎染却不显俗气浮夸，使扎染风格既保持了传统的魅力又符合现代审美和穿着需求（图4-49）。

图4-49　德赖斯·范诺顿2019秋季男装对扎染的运用

2. 蜡染

蜡染工艺是一种以蜂蜡作为防染材料的传统纺织染色工艺。工匠在织物表面绘制出各种图案后，采用冷染技术进行染色，蜂蜡覆盖的区域会阻挡染料的渗透并保持原有的布料颜色。经脱蜡处理后，原先被蜂蜡保护的区域会显现出清晰的留白图案，这些图案不仅色彩斑斓，而且充满了浓郁的民族特色和风情。

中国西南地区的苗族蜡染历史悠久，早在秦汉时期，苗族的先民就已经掌握了蜡染技术，据《贵州通志》记载："用蜡绘花于布而染之，既去蜡，则花纹如绘"，这种蜡染布曾被称为"阑干斑布"。蜡染带有强烈的民族文化内涵，近几年被设计师搬进了时尚圈。如中国设计师许建书致力于将中国传统文化与现代时尚相结合，推动中国元素在国际时尚界的影响力，通过自创品牌劳伦斯·许（LAURENCE·XU）在2021发布的苗族蜡染系列，巧妙地融合苗族锡绣的精致、苗族织锦的繁复以及贵州蜡染的独特韵味，将蜡染元素与当代前卫的剪裁技术相结合，碰撞出不一样的韵味（图4-50）。

图4-50 劳伦斯·许2021《蝶》系列表达苗族蜡染的内涵

3. 植物拓染

植物拓染是一种通过物理捶打将植物天然色素转移到织物上的工艺。在这里，"植物"指的是那些含有可用于染色的天然色素的植物材料；而"拓"这一动作，是指将织物覆盖在具有特定纹理或图案的植物表面，随后通过手工捶打使织物表面形成与植物纹理相对应的凹凸效果，并在此过程中让植物色素渗透进织物纤维，最终使织物呈现出与植物纹理或图案相呼应的染色效果。这一过程不仅保留了植物的天然色彩与纹理，还为织物增添了独特的自然韵味。如图4-51所示，王逢陈（Feng Chen Wang）2024春夏系列的灵感来自品牌创意总监王逢陈对祖母的童年记忆。她孩提之时与祖母居住在故乡福建，所以希望通过一种古老而特殊的植物拓染手法来重现这些记忆。她选择了祖母珍爱的植物，如洋葱皮、桉树叶和苹果叶，通过与中国本土手工匠人合作，将植物拓染至中国传统丝绸面料之上，最终实现了超越时空的对话，保留了一份纯粹而永不消逝的爱（图4-51）。

图4-51　植物拓染在服装面料上的运用

（二）丝网印

丝网印是一种孔版印刷方式，其基本原理是利用丝网印版图文部分网孔可透过油墨，非图文部分网孔不能透过油墨的特性进行印刷。这是一种灵活性强、工序简单、适用范围广、成本相对较低的印刷方式，在多个领域都有广泛的应用。这种印刷方式能够适应多种不同的承印物材质，从柔软的纺织品到坚硬的金属表面，都能留下清晰且持久的图案。数字化技术的引入使丝网印制作更加便捷和高效，新型油墨的研发和应用则拓宽了丝网印的印刷范围和表现力。未来，丝网印将继续在更多领域展现其独特的魅力和价值（图4-52）。

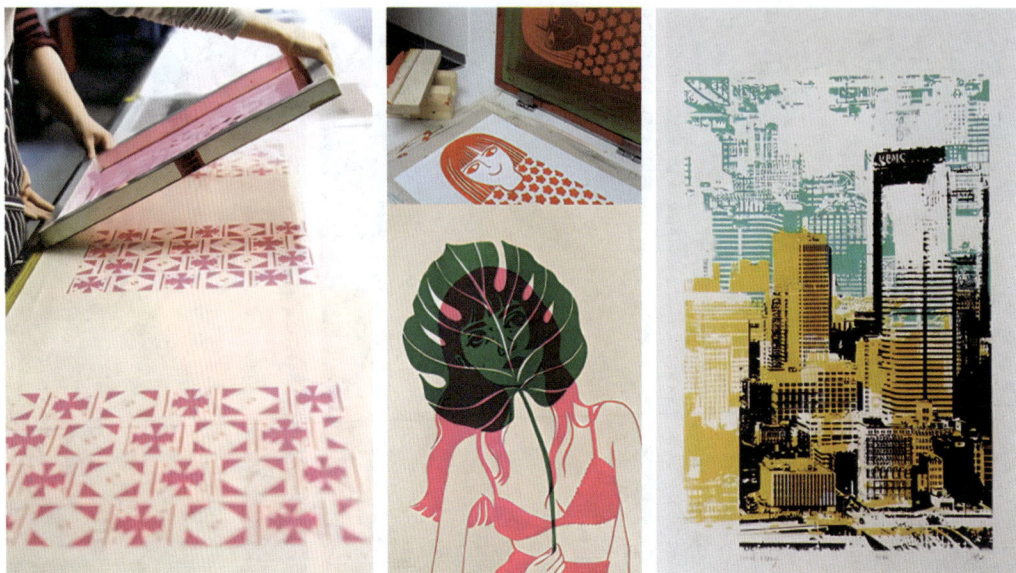

图4-52　丝网印刷工艺

（三）手绘涂鸦和喷绘

手绘涂鸦，简单来说是一种直接在织物上施展绘画技艺的艺术形式，它跳脱了机械印染与大规模生产的框架。这种创作方式能够深切地传递作者的情感与热情，使画作与创作者之间达到一种完美的融合，让观赏者在品味其意境与灵动之时体会到那份独特的魅力。手绘赋予面料"匠心独运"的质感，如设计师克里斯·万艾思（Kris Van Assche）通过运用手绘涂鸦的工艺呈现了独特质感的图案表达；Mithridate 2022春夏高级成衣"*The Mirror Stage*"系列在秀场上也运用了手绘涂鸦，灵感起点是2006年首映的由塔西姆·辛（Tarsem Singh）执导的电影《坠入》，中国的设计师张娜（Demon Zhang）从法国著名心理学家雅克·拉康（Jacques Lacan）有关儿童情感发展的理论中获得创意启发，基于孩子的快乐、纯真，选择在橘树林中走秀，并以橘色作为重要线索贯穿系列始终，同时将富有童趣视觉的"儿童画涂鸦"融入设计（图4-53）。

喷绘也是印染工艺的一种，最具影响力的莫过于亚历山大·麦昆将抽象艺术的渐变喷绘巧妙地应用于传统西装版型，为服装增添了更强的流动感和艺术感，定位喷绘的工艺也让西装的制作难度更上一层。在2022秋冬秀场上，亚历山大·麦昆采用不对称喷绘与涂鸦感的印花手法（图4-54），同时在喷绘工艺上结合科技手段，创新了工艺手法。Coperni 2023春夏秀场模特穿着的裙子是现场喷绘而成，其材质接触皮肤后会成膜，可以溶解并重复使用。这项黑科技是Coperni与高科技材料公司Fabrican合作六个月的成果，该呈现形式让人想到1999年麦昆用机械臂现场喷绘的裙子，不同的是当时是对服装进行染色，如今已可以从无到有在人体上形成一件服装。时尚见

（a）克里斯·万艾思的作品　　　　　　　　　　　　（b）Mithridate 2022春夏

图4-53　手绘涂鸦的服装表达

图4-54　亚历山大·麦昆2022秋冬秀场上用喷漆演绎经典

证了二十多年间时代和技术的变革，Corperni的演绎无疑是时尚舞台的又一个里程碑（图4-55）。

图4-55 Coperni 2023春夏秀场在服装上运用了科技喷绘手段

（四）数码印花

数码印花通过各种数码输入手段（如扫描仪、数码相机等）将印花图案输入计算机，经分色制版软件编辑处理后的图案信息存入控制中心，由计算机控制各色墨喷嘴将需要印制的图案喷射在织物上，从而完成印花过程。其工作原理与计算机喷墨打印机类似。如图4-56所示，Rabanne 2023秋冬秀场上，设计师Julien Dossena从超现实主义艺术家萨尔瓦多·达利的作品中获取灵感，借用达利超现实主义绘画的风格，图像被印在拼接的连衣裙上，展现了服装与数码印花的结合。随着科技的迅猛发展和进步以及消费者需求的日益多样化，数码印花技术正持续不断地进行革新与升级。未来，数码印花技术将越发聚焦于环保、节能及可持续发展的重要领域，并积极融入3D打印与智能制造等前沿科技，推动纺织印染行业的深刻变革与高质量发展。

图4-56　数码印花在服装上的运用

四、刺绣工艺

刺绣是针线在织物上绣制的各种装饰图案的总称，它是以针和线为工具，通过设计和制作，在织物上添加各种图案和色彩的一种艺术形式。这种艺术形式不仅具备显著的装饰效果，还往往蕴含着深厚的文化、历史及民族传统意义。刺绣在中国有着悠久的历史，是中国文化的重要组成部分。据《尚书》记载，远在四千多年前的章服制度就规定"衣画而裳绣"，至周代有"绣缋共职"的专职记载。

（一）四大传统刺绣技艺

中国刺绣工艺中最为著名的四种传统刺绣技艺，分别是苏州苏绣、湖南湘绣、广东粤绣、四川蜀绣。这四种刺绣技艺各具特色，不仅在国内外享有盛誉，也是世界非物质文化遗产的宝贵财富。

1. 苏绣

苏绣是以江苏苏州为中心的江苏地区刺绣产品的总称。其发源地主要在苏州吴县一带，濒临太湖，气候温和，盛产丝绸。苏绣以其细腻的绣工和雅致的色彩著称，丝理圆转自如，绣面平服，配色采用同类色含灰对比的退晕法，显得沉静雅洁。苏绣有着"平、顺、和、柔、匀、光"的特点，这些都是它的传统美所在，如果说中国画是纸面上的艺术，那么苏绣就是布帛上的艺术（图4-57）。

2. 湘绣

湘绣起源于以湖南长沙为中心的湘楚地域，已有两千多年的历史。早在春秋战国时期，湖南地方的刺绣技艺已经发展到了较高的水平，1972年长沙马王堆西汉古墓出土的四十多件刺绣衣物便是证明。湘绣享有"绣花花生香，绣鸟可听声，绣虎会奔跑，绣人能传神"的美誉，其独创的"鬅毛针"技艺结合旋游针、绒毛针、毛针等针法，绣制出的虎毛极富质感。如图4-58所示，湘绣大师杨应修作品《饮水虎》，浓淡粗细各色丝线绣出的虎毛色彩斑斓，柔中见刚，最传神的眼睛采用旋游针法刺绣，用杏黄、秋黄、麻黄等十多种色线交织，而其中每种色线的色阶加起来又有近25种之多，使怒目圆睁的虎眼有随观者而动之感。

3. 粤绣

粤绣主要分为广州刺绣与潮州刺绣两大派系，广州刺绣简称为广绣，其技艺广泛，流传于广州、佛山、顺德、南海等地的市县区域，以其独特的地方特色为创作源泉，擅长珠子绣技法，色彩运用上富丽堂皇，对比鲜明，尤以大红大绿的配色风格著称。潮州刺绣被称为潮绣，主要盛行于以潮州市为中心的整个潮汕地域。深受潮汕文化的熏陶，采用钉金绣的精湛工艺，其作品风格更显华丽繁复。潮绣匠人还巧

图4-57 苏绣大师姚建萍苏绣作品

图4-58 湘绣作品《饮水虎》

妙地在绣品中填充织物以增添作品的立体效果，使绣品仿佛浮雕一般，层次丰富，令人叹为观止（图4-59）。

（a）广绣《百鸟争鸣图》 故宫博物院藏　　（b）潮绣《九龙挂屏》（国家级非物质文化遗产代表性传承人林智成作品）

图4-59　粤绣作品

图4-60　蜀绣作品《金丝猴》

4. 蜀绣

蜀绣起源于四川省，尤以成都地区为代表，故名蜀绣。其以色彩鲜艳、针法严谨、富有立体感而著称。蜀绣图案题材丰富，包括花鸟、走兽、人物和山水等，尤其擅长绣制熊猫、花鸟。作品特点是形象生动，色彩艳丽，兼具虚实合度的层次感。技艺上，蜀绣讲究施针，短针细密，针脚平齐，片线光亮，掺色轻柔。其针法变化之丰富居四大名绣之首，展现出浓郁的地方特色。如图4-60所示为国家非物质文化遗产代表性传承人郝淑绣的蜀绣作品《金丝猴》。

（二）刺绣技法

刺绣技艺种类繁多，每一项技法都是匠人智慧与艺术精髓的结晶。这些技法各具特色，在实践运用中往往相互融合，创造出复杂多变的刺绣图样。刺绣技术按照不同的制作方法和图案特点可以分成多种类型，展现不同的肌理效果与艺术风格。根据技法的不同可将刺绣分为针线平面刺绣、针线立体刺绣、豪华刺绣以及刺绣拼花。

1. 针线平面刺绣

针线平面刺绣是一种古老而精湛的手工艺，它通过使用各种颜色和粗细不一的丝线或棉线在织物上刺绣出各种图案。这些图案色彩斑斓、生动活泼，通过巧针法平面刺绣的运用，能够在织物表面形成丰富的效果。从夏姿·陈2023秋冬秀场中的部分作品（图4-61）可以看到，设计师运用平面刺绣将带有中国特色的图案巧妙地融入服装，起到锦上添花的作用。这些刺绣元素极大地增强了服装的视觉冲击力，有效传达了设计师的创意理念及作品中蕴含的情感深度。

图4-61 带有平面刺绣的服装设计作品

2. 针线立体刺绣

针线立体刺绣是一种独特的刺绣技艺，它通过在布料上运用多种颜色和形态的线材，创造出具有强烈立体感的图案。与常规的平面刺绣相区别，立体刺绣更加侧重于线条的排列与交织，通过采用特殊的针法和诸如垫高、填充等技巧，使图案呈现出三维形态以实现更加逼真和立体的视觉效果（图4-62）。

在材料的使用上，立体刺绣不局限于传统丝线，还融入了毛线、金属丝、珠子等多种材料，丰富了绣品质感的同时也为创作带来了更多元的可能性。立体刺绣是将传统刺绣工艺与现代创新手法相结合的艺术形式，不仅展现了刺绣工艺的精妙，也彰显了刺绣艺术的无限创意和表现力（图4-63）。

3. 豪华刺绣

豪华刺绣运用各种手法和材料进行刺绣，如金线、银线、缎带、珠子等，以求达到更加华丽、奢华、精致的效果。常见的豪华刺绣有金蚕丝绣、珠片绣等。无论何种类型，豪华刺绣技术都需要较为精细的手工操作和设计规划，图案生动，同时也反映了制作者的审美和文化观念。如图4-64所示，在2023春夏巴黎时装周RahulMishra秀场中设计师大量采用了豪华刺绣，将绘画、雕塑等艺术元素融入其中，使服装成为极具艺术价值的作品。

图4-62　带有立体刺绣的创意服装作品（作者：邱文丽）

图4-63　带有立体刺绣的创意服装作品（作者：黄思思）

图4-64 采用豪华刺绣的服装作品（RahulMishra 2023春夏发布）

4. 刺绣拼花

刺绣拼花是一种结合刺绣和拼布工艺的装饰手法，融合了刺绣的精细工艺和拼布的色彩搭配与图案设计，富有艺术表现力，可以创造具有立体感的花卉效果，展现了手工艺的精细和创意的无限可能。这种技术在服装、家居装饰、艺术品等领域都有广泛的应用。如图4-65所示，夏帕瑞丽（Schiaparelli）在2022秋冬系列中，应用了精美刺绣、金丝藤蔓、闪耀串珠等精致元素，展现出服饰细节的美轮美奂。花朵装饰绽放在模特的颈肩、腰间，将每一件晚礼服都打造得如同艺术品，充分诠释出品牌高贵的风格魅力。

图4-65 采用刺绣拼花的服装作品

五、毛毡工艺

　　羊毛毡是一种古老的织物，源自大自然的环保型动物纤维羊毛，它并非通过传统的编织或针织方法制成，而是通过羊毛纤维的毡化过程形成的。毡化是通过摩擦、压力和湿度使羊毛纤维纠缠在一起，形成结实毡布的物理过程。羊毛毡因其独特质朴的质感和多样的应用而受到人们的喜爱，它不仅是实用的材料，也是表达创意和艺术的媒介（图4-66）。

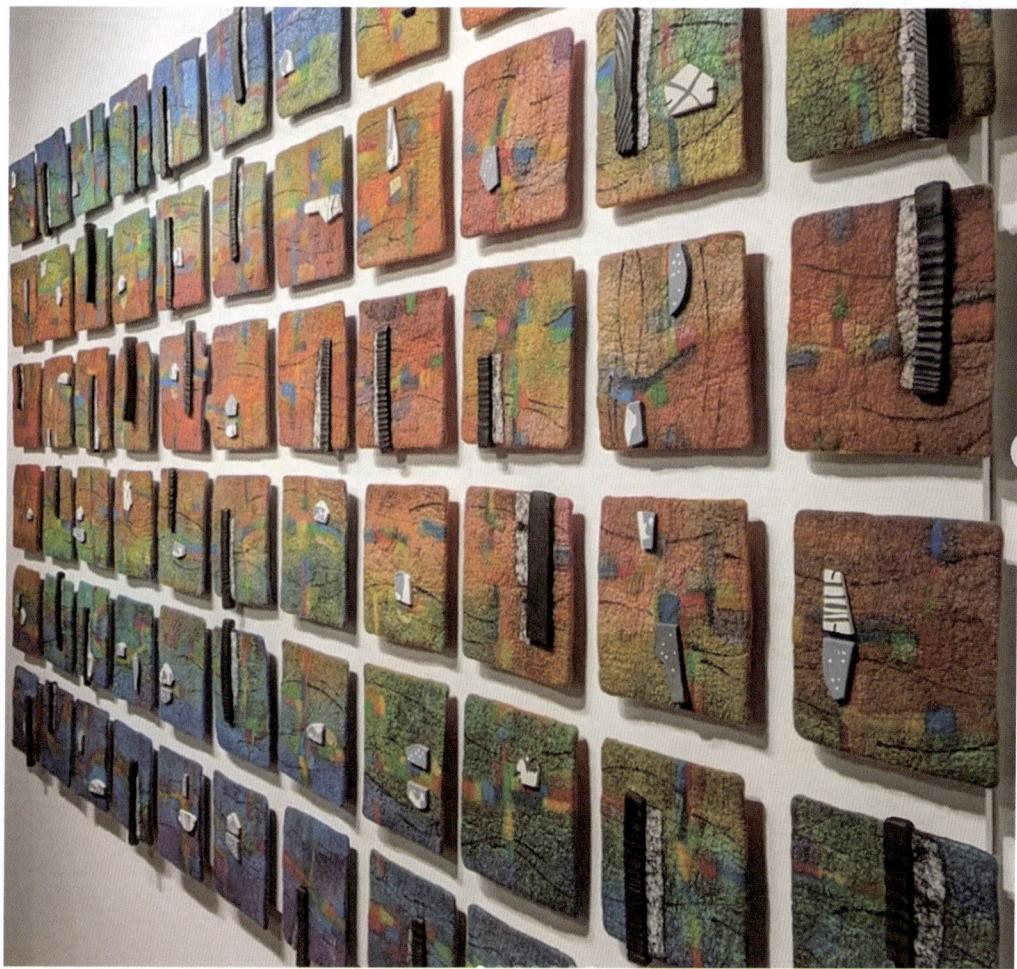

图4-66　毛毡工艺作品（纤维艺术家Fiona Duthie作品）

（一）羊毛毡"毡化"的常用技法

　　毛毡制作的核心就是"毡化"工艺。即羊毛纤维在温暖且pH值略高于7的弱碱性溶液环境中，通过化学反应和外部压力引起物理摩擦，促使纤维交织并产生毡缩效果的过程，称为湿毡法。此外，利用特制戳针反复穿刺羊毛纤维也能达成同样的毡化效果，即针毡法。除此之外，还可以将针毡与湿毡融合，即针湿毡结合法，以湿毡的应用为基础，辅以针毡技巧进行细节增强与三维效果的塑造（图4-67）。

图4-67　毛毡毡化技法中的湿毡和针毡

毛毡在服装设计上的创新应用是多方面的，不仅丰富了毛毡服饰的多样性和个性化，也推动了毛毡工艺在现代服饰设计中的传承和发展。羊毛毡具有很强的可塑性，可以制作出各种新颖、独特的造型。设计师可以利用羊毛毡的这一特点，通过剪裁、拼接、堆叠等手法，塑造出符合设计理念的服装结构造型。荷兰艺术家Marjolein Dallinga擅长用毛毡材料作为面料，将其解构或创造新的结构。她的作品灵感大多源于自然世界的声音、感觉、触觉，自然界的纹理和形式等。她的作品大量使用毛毡技法去创造柔软而轻盈的雕塑感，这些雕塑类似于人体解剖结构的一部分，有些像皮肤，有些则是内脏，如肝脏、肾脏或脾脏；有些表达了诸如心脏或大脑这些奇怪的可塑性之类的神秘事物，它们的形状、大小和颜色各不相同；有些是空的，它们的褶皱像火山口里藏着的秘密，色彩和层次中隐藏着它们的渴望。通过羊毛毡的工艺手法表现在面料上，将完整的图案或结构重新打散、组合，从而使其作品形成新的装饰效果，兼具形态美感和艺术美感，体现其趣味性（图4-68）。

（二）羊毛毡与异质材料结合

羊毛纤维由于压力等因素的影响，可以呈现出薄厚不一、疏密不均的效果，通过融合不同触感、结构和特性的材料，结合当下流行的工艺技巧，能够使面料展现出更加多元化的风貌。羊毛毡的工艺手法可将几种矛盾的面料、材质进行调和，采用折中的设计方法对面料再创新，从某种角度上说，这不仅是对风格和样式的创新设计，也是对传统与现代、过去与未来的表达。例如，轻盈透明的纱质面料与厚重的羊毛毡经过针毡处理，两种截然不同的材质特性在视觉上形成了鲜明的对比，呈现出从轻薄到

图4-68 毛毡的结构与解构作品（荷兰纤维艺术家Marjolein Dallinga）

厚实的面料过渡，配合颜色从深至浅的逐渐变化，营造出一种虚实交织、起伏有致的视觉效果。通过将这两种看似矛盾的面料与材质巧妙结合，不仅丰富了创作的艺术表现力，还赋予材料组合以独特的语言。此外，采用丝与毛的热缩技术，使得毡化后的丝线自然卷曲收缩，形成错落有致的褶皱效果，为服装面料增添天然的纹理美感，进一步提升了面料的层次感和丰富度（图4-69）。

图4-69 毛毡与纱面料结合

这种复合应用不仅丰富了面料的外观效果，还提升了面料的质感和视觉表现。通过创新融合，羊毛毡与其他纺织面料以前所未有的多样化、个性化方式相结合，为时尚设计领域带来了新颖的视觉享受与独特的触感体验。

（三）羊毛毡与刺绣工艺相结合

羊毛毡与刺绣艺术的融合彰显了两者的互补之美。刺绣凭借精细的线条，能够创造出平绣、立绣等细腻精美的图案；而羊毛毡则以大面积的质感取胜，传递出质朴而温暖的氛围。如图4-70所示，当羊毛毡遇上刺绣，两者相辅相成，这种结合打破了传统工艺的局限性，为服装设计领域带来了多元化的表达。此类创新设计既是对传统技艺的承袭，又契合当代社会的审美情感需求，为时尚界注入了鲜活的力量与创意灵感。

图4-70　毛毡与刺绣结合

（四）羊毛毡与植物染结合

植物染料因其纯天然、绿色环保及可持续发展的特性，与毛毡技法的制作理念不谋而合，近年来备受公众与设计师的青睐。羊毛毡与植物印染的结合，主要体现为直接染色和植物热转印两种方法。

　　例如，在羊毛毡上绘制图案，然后采用红茶染液进行染色处理。在染色过程中，使用"三明治法"夹入苏木、栀子等药材以及路边采集的野花，且未事先过滤染液中的药材残渣，任由染料残渣附着在毛毡上。这一做法非但没有影响最终效果，反而使得图案色彩更加丰富，过渡自然且流畅。

　　植物热转印与羊毛毡的结合，是一种利用树叶本身的脉络和汁液进行最原始拓染的技术。通过将植物直接放置在羊毛毡上，经过卷压与蒸煮使植物中的天然色素渗透到羊毛毡内，赋予羊毛毡独特的自然纹理与图案。这一工艺不仅极大地提升了织物的美感，更充分展现了手工艺品的精致与独特韵味（图4-71）。

图4-71　植物染料、热转印与羊毛毡结合

小结

　　本章深入探讨了两个部分的内容，第一部分是材质的探索，首先了解了纺织材料的基础知识，包括各种纤维的特性和适用性。然后探讨了非传统物料如塑料、金属和高科技合成材料在服装设计中的创新应用。第二部分介绍了多种服装工艺技法，包括编织、拼缝、印染、刺绣和毛毡工艺。这些技法不仅丰富了服装的视觉效果，也增强了服装的艺术表达。通过本章的学习拓宽了学生对服装材质的认识，并激发学生对材质创新的思考。

课后作业

1.思考：非传统物料在服装设计中的使用有哪些优势和挑战？

2.探索不同材质的组合和应用，结合项目主题寻找合适的材质和工艺并尝试将这些方法应用到自己的项目设计中，创造出新的服装材质，并记录实验过程。

第五章
创意服装设计案例

课题名称： 创意服装设计案例

课题内容： 1. 案例一　设计主题《失物之书》

2. 案例二　设计主题《万物与虚无》

3. 案例三　设计主题《童梦如旧》

4. 案例四　设计主题《潮汐之寂》

5. 案例五　设计主题《丹宁·醒狮》

6. 案例六　设计主题《热血·穿行最西北》

课题时间： 16课时

教学目的： 通过本章的学习使学生能够通过分析具体案例，深入理解从灵感到成品的整个设计流程。通过研究不同设计师的作品，激发学生的创意灵感，并学习如何将灵感转化为实际的设计。鼓励学生学习案例中的创新和实验精神，勇于在自己的设计中尝试新方法和新材料。

教学要求： 学会分析和理解不同设计案例的创意过程、设计理念和设计成果。理解每个案例背后的设计思维。培养学生批判性评价设计案例的能力，能够从多个角度分析设计的优缺点。

课前准备： 1. 阅读相关章节，提出你的思考。

2. 准备课堂讨论的问题，包括对案例的个人见解和可能的问题。

案例一　设计主题《失物之书》❶

一、灵感来源

本系列灵感源自爱尔兰作家约翰·康诺利创作的小说《失物之书》，该书讲述了主人公因家庭变故而经历悲伤痛楚，变得敏感、焦虑和排斥的故事。设计师发现主人公的童年经历与自己相似而产生共鸣，因此将书中的四个童话人物：巫师、小红帽、骑士罗兰、扭曲人（彼得·潘）选定为这次设计的灵感缪斯，围绕这些人物在书中的形象展开创作，尝试设计四套代表他们角色本身特点的服装。在这一系列服装设计中，设计师深入挖掘了《失物之书》中蕴含的情感深度与奇幻元素，通过服饰这一载体，不仅展现了故事情节与深刻的情感内涵，更是一次对人性、成长与自我救赎的深刻探讨，同时也反思了自己的成长历程与内心的真实渴望（图5-1）。

图5-1　《失物之书》系列服装——灵感来源

二、设计过程

根据故事中的四个角色：巫师、小红帽戴维、骑士罗兰和彼得·潘进行深度的探析，从而获得设计元素。例如，巫师角色的服装设计灵感来源于古老魔法与神秘主义的结合，采用深邃的紫色与黑色为主色调。头饰采用串珠编织工艺，象征着智慧、力量以及隐藏在内心深处的恐惧与未知；长袍的流线型设计，既体现了巫师的飘逸与神秘，也隐喻着故事主人公戴维在面对家庭变故时内心的挣扎与逃避。小红帽的服装设

---

❶ 本案例作者是管政。

计采用斗篷设计，斗篷前部遮住脸部，后摆延长至拖地，以增强戏剧性和夸张效果。服装采用纯白色象征小红帽的善良，搭配简约而不失精致的蕾丝花边，展现了戴维内心深处对纯真无邪时光的怀念与向往。骑士罗兰的形象代表着勇气、荣耀与保护，其服装设计灵感来源于中世纪骑士盔甲与现代时尚的融合，借鉴了舞台剧中骑士的硬朗线条和遮面头盔，设计采用纯白色和亮绿色，搭配精致的钩针装饰，体现了骑士内心对于强大与自我救赎的渴望。盔甲的流线型设计不仅增强了视觉上的力量感，也象征着在逆境中不断成长与坚强的过程。彼得·潘的服装设计则聚焦于永无岛的梦幻与自由，设计采用了彼得·潘舞台剧中的紧身衣裤特点，并结合3D打印配件增强戏剧性。色彩上，暗紫色应用不仅为服装增添了角色的灵动与活力，也象征着彼得·潘对无忧无虑童年的追忆与对未知世界的无限憧憬。

1. 服装廓型提取

服装廓型上，系列四套服装的灵感缪斯分别对应《失物之书》中的童话角色：巫师、小红帽、骑士、扭曲人（原型：彼得·潘）。创作者通过参考这四位角色的舞台剧造型，提取出每一个角色最具代表性的服装廓型和细节：巫师服装大多为拖地长裙斗篷；小红帽服装主要以斗篷披肩为主；骑士服装特点大多为铠甲，服装线条大多硬直；彼得·潘的服装大多为紧身裤、衣。在从舞台剧中提取服装廓型的同时，作者认为长大后的自己对童年创伤的记忆模糊是因为受到了"心理防御机制"的保护，因此通过收集童年的照片，凭靠记忆利用3D建模技术将童年受到创伤的场所重新"建立"起来。通过这组场景建模，作者提取出了可运用在服装上的廓型和细节，制作了两组印花和一款3D打印服装（图5-2）。

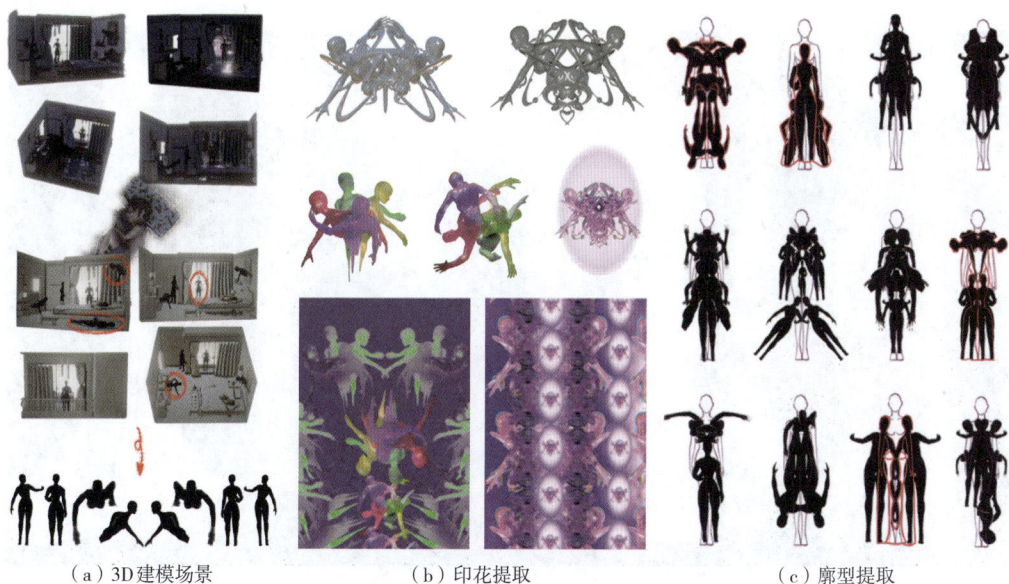

（a）3D建模场景　　　　　　　　（b）印花提取　　　　　　　　（c）廓型提取

图5-2 《失物之书》系列服装——廓型提取

2. 面料色彩的提取

色彩上，设计师收集了童年寄居在友人家拍摄的照片以及身边友人童年居住在其他家庭的照片，经过整理这些照片之后，提取老照片上的色彩运用在本次主题中。如图5-3（a）所示，色彩的分配为两套暗色系和两套浅色系，分别表达《失物之书》中的正派和反派童话角色，同时也呼应了弗洛伊德心理学中的"本我"和"超我"。如图5-3（b）所示，面料运用上，设计师通过观看西方童话的舞台剧和音乐剧中的舞台服装，提取出了蕾丝、羽毛和光泽质感面料等具有舞台效果的面料。

（a）色彩提取　　　　　　　　　　　　　　　　（b）面料选择

图5-3 《失物之书》系列服装——色彩面料板

3. 服装设计效果图

服装设计效果图如图5-4所示。

图5-4 《失物之书》系列服装——设计效果图

三、服装制作过程

在制作工艺上，设计师采用了编织技术和3D打印两大工艺技术。运用编织工艺制作了一系列编织面料，通过3D打印机制作出了"人形"胸甲（图5-5）。

（a）编织面料制作过程　　　　　　　　　　（b）3D胸甲制作过程

图5-5　《失物之书》系列服装——制作过程

四、服装成果展示

服装成果展示如图5-6所示。

图5-6　《失物之书》系列服装——成品展示

案例二　设计主题《万物与虚无》❶

一、灵感来源

本系列设计灵感源自科幻电影《湮灭》，该电影通过描绘人类在"微光"区域的探险，探讨了生命、自我、现实与虚幻等深刻议题。设计理念以"万物与虚无"为核心，选取电影中的神秘花木形态、动植物的生命力表现及DNA折射的概念作为设计元素。本系列服装设计希望通过人与自然和谐共生的理念，传达环保和可持续发展的思想。

系列名称"万物与虚无"是从电影中获得的感悟，以及创作者对人生事迹的联想。一方面，我们感叹人生的短暂和生命的渺小，最终一切都将归于虚无，因此人们应该更加珍惜当下。另一方面，虽然人无法带走任何物质财富，但我们对自然的影响却是深远的，有时甚至是不可逆的。因此，为了自然和人类的可持续发展，我们必须重新审视与自然的关系，寻找和谐共存和可持续发展的路径。本系列作品想要传达的核心信息是提醒人们应该珍惜环境，合理利用资源，因为"湮灭"并非我们的目标，而是在湮灭中不断重生。本系列服装作品旨在带给人们温暖、希望和可持续的感觉（图5-7）。

二、设计过程

基于电影内容，本系列将"万物与虚无"作为系列设计的核心主题，旨在探讨生命、自我、现实与虚幻等深刻议题，并融入环保和可持续发展的思想。为进一步深化设计理念，强调人与自然和谐共生的重要性，以及珍惜当下、关注环境可持续发展的紧迫性。在设计过程中，将人生的短暂与生命的渺小、对自然的深远影响等情感融入其中，希望通过服装作品传达温暖、希望和可持续的感觉。

因此，在设计元素与材料选择上考虑从电影中提取出神秘花木形态、动植物生命力表现以及DNA折射等设计元素，作为服装设计的视觉基础。选择环保、可持续的材

---

❶ 本案例作品作者为陈婉霞。

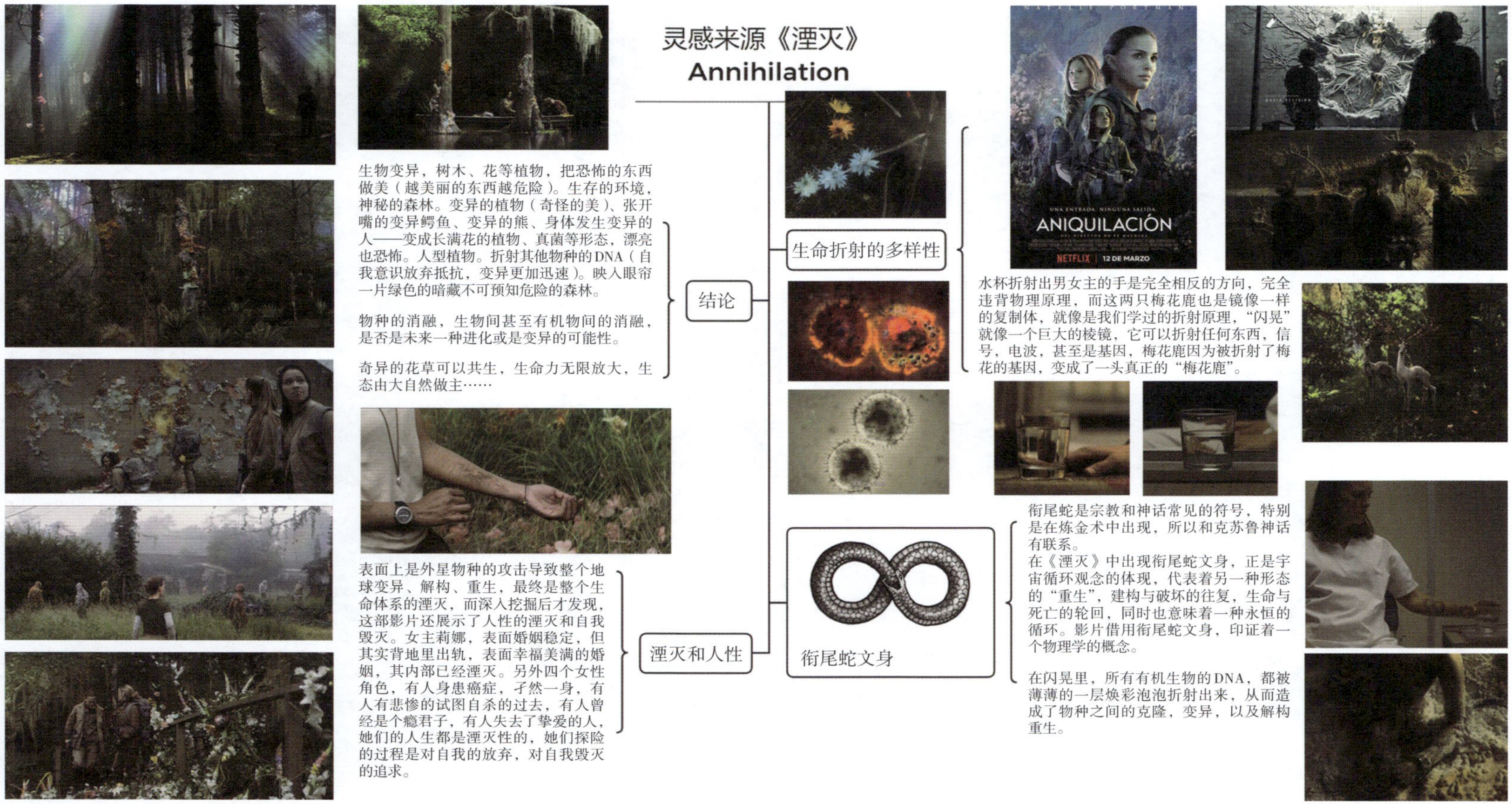
灵感来源《湮灭》
Annihilation
结论
生物变异，树木、花等植物，把恐怖的东西做美（越美丽的东西越危险）。生存的环境，神秘的森林。变异的植物（奇怪的美）、张开嘴的变异鳄鱼、变异的熊、身体发生变异的人——变成长满花的植物、真菌等形态，漂亮也恐怖。人型植物。折射其他物种的DNA（自我意识放弃抵抗，变异更加迅速）。映入眼帘一片绿色的暗藏不可预知危险的森林。
物种的消融，生物间甚至有机物间的消融，是否是未来一种进化或是变异的可能性。
奇异的花草可以共生，生命力无限放大，生态由大自然做主……
湮灭和人性
表面上是外星物种的攻击导致整个地球变异、解构、重生，最终是整个生命体系的湮灭，而深入挖掘后才发现，这部影片还展示了人性的湮灭和自我毁灭。女主莉娜，表面婚姻稳定，但其实背地里出轨，表面幸福美满的婚姻，其内部已经湮灭。另外四个女性角色，有人身患癌症，孑然一身，有人有悲惨的试图自杀的过去，有人曾经是个瘾君子，有人失去了挚爱的人，她们的人生都是湮灭性的，她们探险的过程是对自我的放弃，对自我毁灭的追求。
生命折射的多样性
水杯折射出男女主的手是完全相反的方向，完全违背物理原理，而这两只梅花鹿也是镜像一样的复制体，就像是我们学过的折射原理，“闪晃”就像一个巨大的棱镜，它可以折射任何东西，信号，电波，甚至是基因，梅花鹿因为被折射了梅花的基因，变成了一头真正的“梅花鹿”。
衔尾蛇文身
衔尾蛇是宗教和神话常见的符号，特别是在炼金术中出现，所以和克苏鲁神话有联系。
在《湮灭》中出现衔尾蛇文身，正是宇宙循环观念的体现，代表着另一种形态的“重生”，建构与破坏的往复，生命与死亡的轮回，同时也意味着一种永恒的循环。影片借用衔尾蛇文身，印证着一个物理学的概念。
在闪晃里，所有有机生物的DNA，都被薄薄的一层焕彩泡泡折射出来，从而造成了物种之间的克隆，变异，以及解构重生。
ANIQUILACIÓN
NETFLIX | 12 DE MARZO

图5-7 《万物与虚无》系列服装——灵感来源

料，如有机棉、再生纤维等，以符合对环境关注的设计理念。借鉴纤维艺术中生命延续的主题，将这些元素转化为服装造型，注重服装的线条、色彩和图案设计，以体现"万物与虚无"的主题。采用自由绗缝、拼布等工艺，模仿植物的肌理，展现服装的独特风格。

1. 头脑风暴

头脑风暴如图5-8所示。

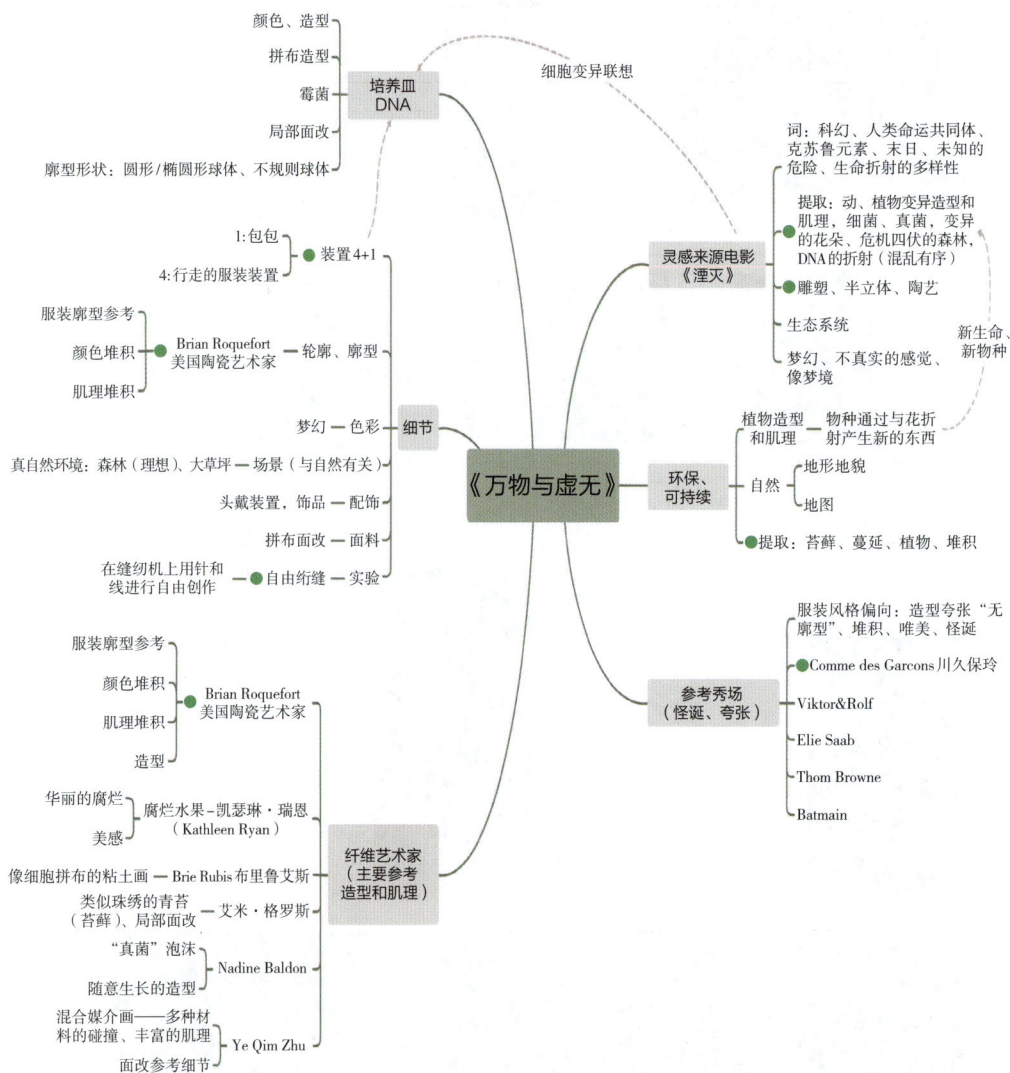

图5-8 《万物与虚无》系列服装——头脑风暴

2. 灵感板

灵感板如图5-9所示。

灵感板

陶瓷—

肌理感—

—霉菌

—纤维艺术

图5-9 《万物与虚无》系列服装——灵感板

3. 廓型元素提取

花木作为《湮灭》这部电影画面中的一个生机之地，被运用到了电影的意象表达之中。因此从中提取藤蔓、花等元素作为服装的廓型，以使作品更具有表现力和视觉冲击力。廓型分析如图5-10所示，廓型提取如图5-11所示。

廓型元素提取关键词：藤蔓、缠绕、花

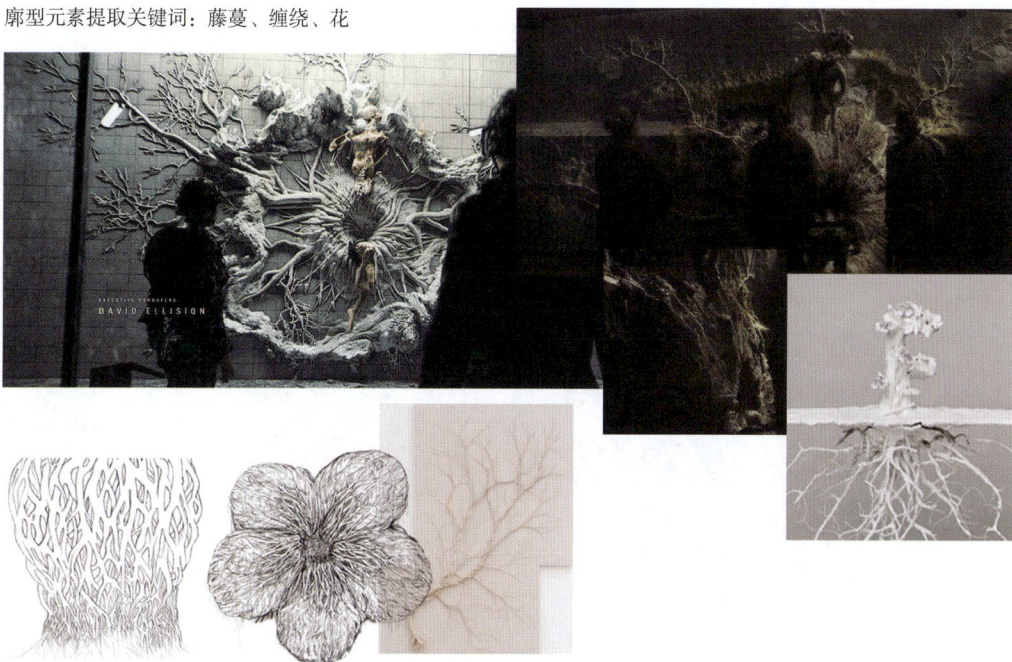

图5-10 《万物与虚无》系列服装——廓型分析

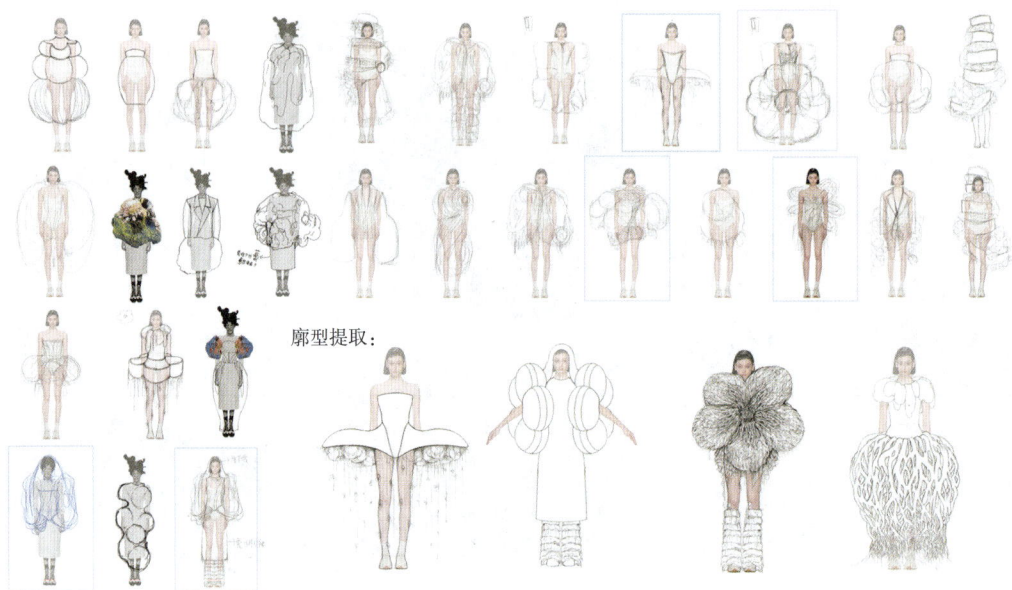

图5-11 《万物与虚无》系列服装——廓型提取

4. 色彩与面料板

以美国陶瓷艺术家Brian Rochefort的作品为色彩原型，通过堆积重叠的色彩状态呈现出对自然的联想（图5-12）。

色彩板关键词：堆积重叠和对自然的联想

（Brian Rochefort美国陶瓷艺术家）

图5-12 《万物与虚无》系列服装——色彩板

电影《湮灭》中的DNA折射概念是非常核心的，这种概念可以通过纤维艺术的手法进行表现。例如，可以使用不同材料和颜色的纤维，在面料上进行编织和织造，创造出具有折射和反射效果的图案和色彩。这些效果可以在服装上进行运用，创造出具有科幻感和神秘感的效果（图5-13）。

面料板关键词：自由绗缝拼接多种不同材质、不同质感的面料，联想陶罐丰富立体的肌理制作新的面料。

图5-13 《万物与虚无》系列服装——面料板

5. 服装设计效果图

服装设计效果图如图5-14所示。

图5-14 《万物与虚无》系列服装——效果图

三、服装制作过程

1. 部分结构分解图

部分结构分解图如图5–15、图5–16所示。

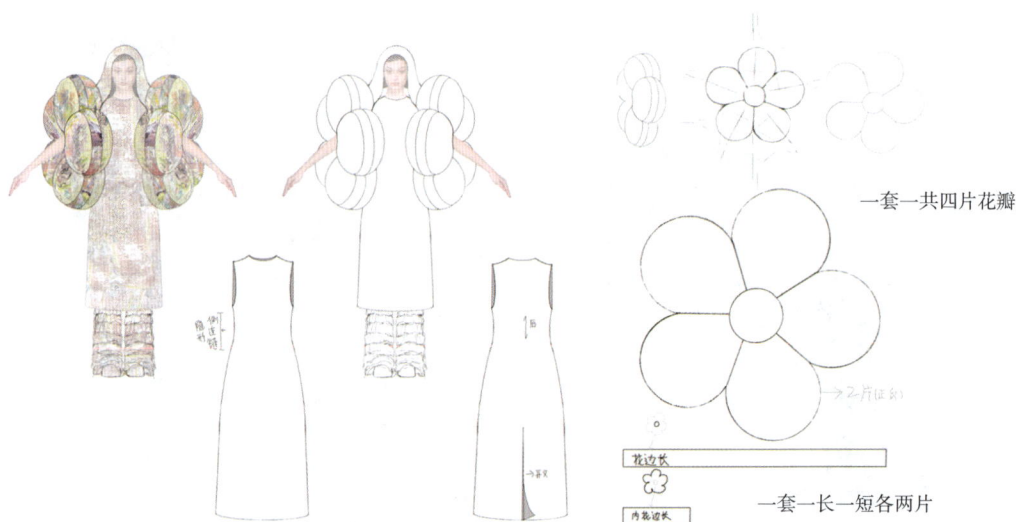

一套一共四片花瓣

一套一长一短各两片

图5-15 《万物与虚无》系列服装——结构分解1

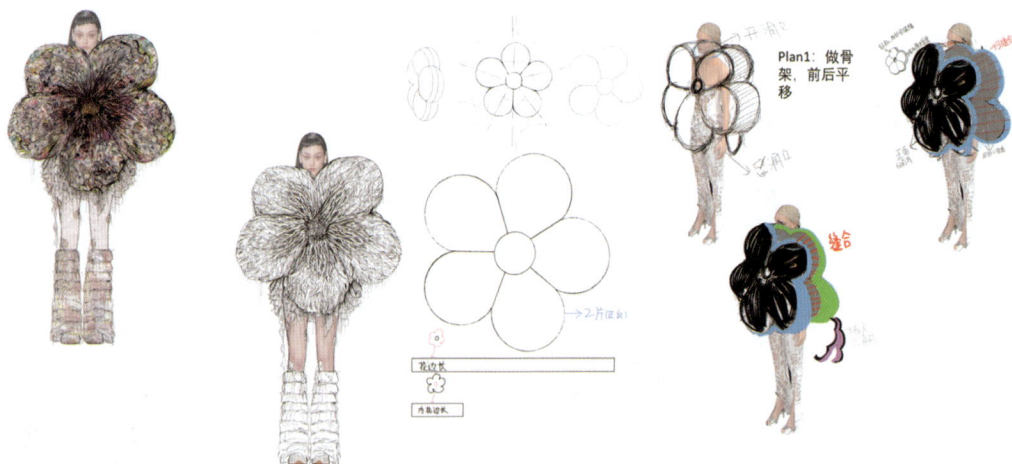

Plan1: 做骨架，前后平移

图5-16 《万物与虚无》系列服装——结构分解2

2. 部分服装制作过程

部分服装制作过程如图5–17、图5–18所示。

图5-17　《万物与虚无》系列服装——制作过程1

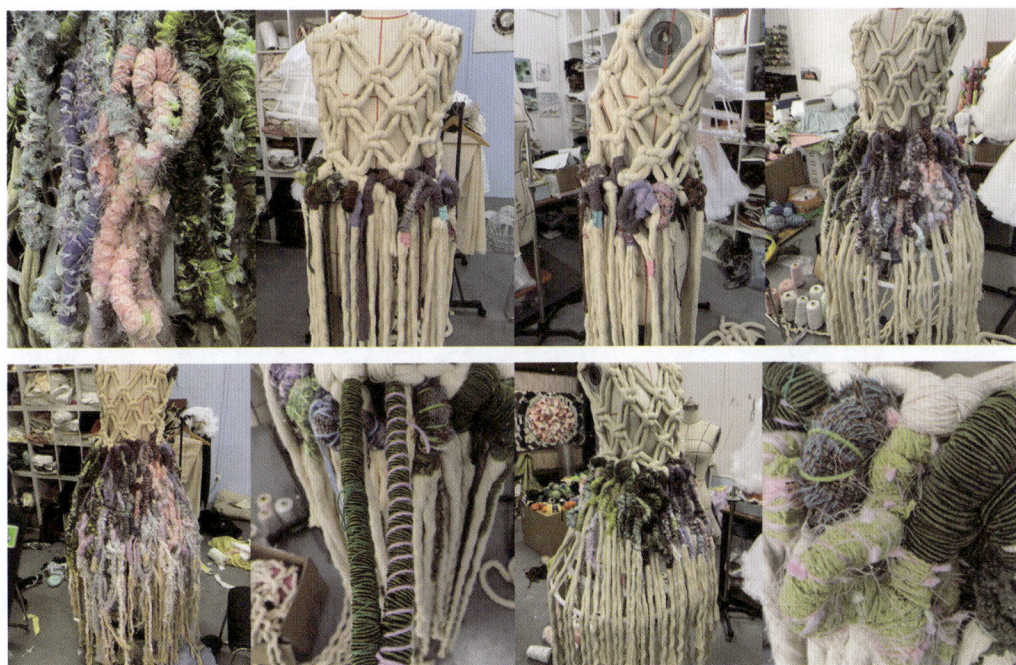

图5-18　《万物与虚无》系列服装——制作过程2

四、成品展示

成品展示如图5-19所示。

图5-19 《万物与虚无》系列服装——成品

案例三 设计主题《童梦如旧》❶

一、灵感来源

随着社会的快速发展和人们生活水平的不断提高，对美的追求也在不断升级。然而，在快节奏的生活中，人们往往容易忽视内心深处的需求，这导致情感上的孤独和焦虑感日益增加。面对沉重的社会经济压力，人们开始渴望回归那些单纯美好的过去时光，寻找那份纯真的心境和愉悦的心情。

本系列设计以"童趣"为主题，旨在创作出既具有治愈效果又带来舒适感的情感化设计，并将这种设计理念与纤维艺术的表现手法相结合，打造出一系列创意服装。这些服装不仅在视觉上给人以温馨和愉悦的感受，而且在穿着体验上也能提供柔软、舒适的感觉，仿佛能够带我们回到那个无忧无虑的童年时代。

通过本系列服装设计，让人们在忙碌和压力之中找到一丝慰藉，唤起内心深处的纯真和快乐。每一件服装都是对过去美好记忆的致敬，同时也是对未来美好生活的期

---

❶ 本案例作品作者为赵婷。

待。创作者希望通过这些充满情感和创意的服装，可以为人们的日常穿着带来新的活力和情感价值，让穿着者在享受时尚的同时，也能感受到心灵的温暖和宁静（图5-20）。

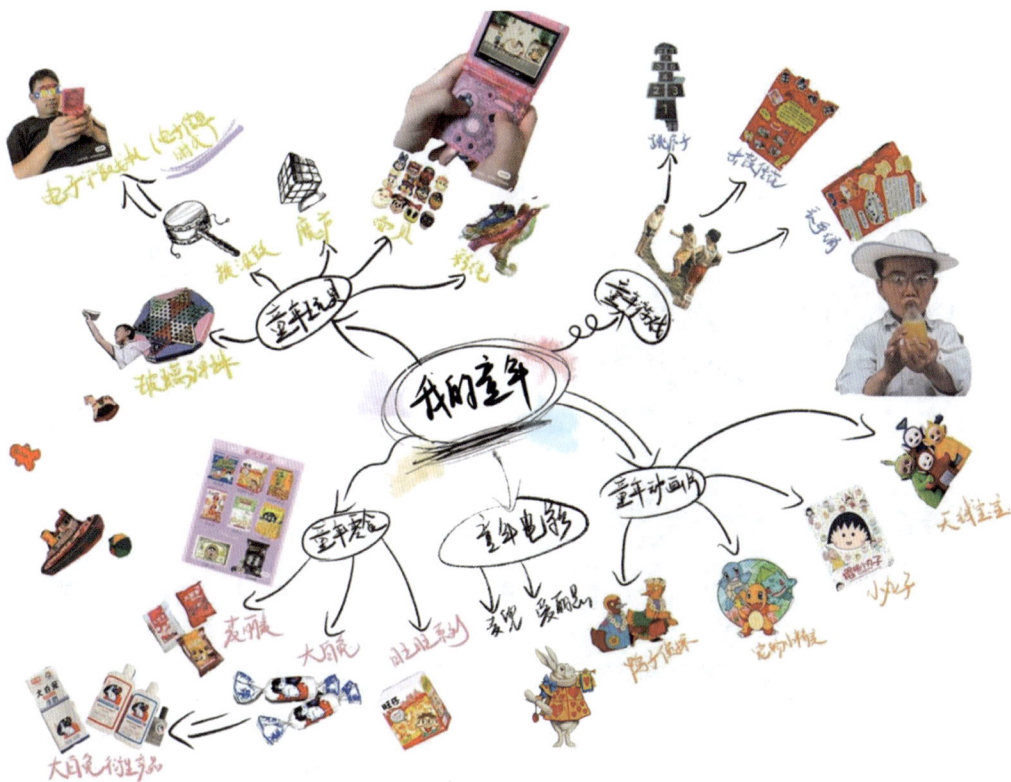

图5-20 《童梦如旧》系列服装——创作思维导图

二、设计过程

本系列设计元素来源于作者的童年记忆，包括放学后与同学们在小卖部购买零食的快乐时光、在游乐场尽情玩耍的愉悦体验，以及滑滑梯等娱乐设施的趣味形状。这些充满情感色彩的记忆被巧妙地融入服装设计中，使每一件作品都承载着故事性，赋予服装更深层次的情感价值。通过记忆搜集，对这些记忆进行情感分析，提炼出核心情感元素，如快乐、兴奋、舒适和安全感等；识别与这些情感相关联的具体形状和图案，如小卖部的轮廓、滑梯的曲线、游乐场的色彩和结构；将这些形状和图案转化为服装设计的元素，如服装的轮廓、图案、装饰和结构；将这些设计元素与服装的整体风格和廓型相结合，创造出具有故事性的设计，使服装不仅是一件物品，而且是一个能够唤起穿着者情感共鸣的载体。通过这种故事化的设计，服装与穿着者之间建立了情感交流，穿着者在穿戴时仿佛置身于一个充满梦幻和回忆的世界。经过精心制作和调整，最终呈现出一系列既具有实用性又富有情感内涵的服装作品。

通过这样的设计过程，使本系列服装不仅在视觉上吸引眼球，更在情感上与穿着者产生共鸣，增强了服装的个性化和艺术性。

1. 廓型提取

廓型提取如图5-21所示。

图5-21 《童梦如旧》系列服装——廓型提取

2. 色彩、面料与工艺提取

色彩、面料与工艺提取如图5-22、图5-23所示。

图5-22 《童梦如旧》系列服装——色彩板

图5-23 《童梦如旧》系列服装——面料工艺板

3. 设计效果

系列服装设计效果如图5-24所示。

图5-24 《童梦如旧》系列服装——设计效果图

三、部分服装制作过程

部分服装制作过程如图5-25所示。

图5-25 《童梦如旧》系列服装——部分服装制作过程

四、设计成品展示

设计成品展示如图5-26所示。

图5-26 《童梦如旧》系列服装——成品展示

案例四 设计主题《潮汐之寂》❶

一、灵感来源

近年来，科技的迅猛发展与环境问题的日益严峻促使人类开始深刻反思与自然界的相处之道，本系列设计正是基于这一背景之下而产生的。灵感源自对《琼魄之汐》这一故事中对未来世界的深刻洞察，并结合了对经典科幻小说的细致研究。《琼魄之汐》描述了未来世界环境危机与资源匮乏，人类的生活发生巨变，为了迎接环境极端恶化下的生物变异和生存挑战，人类逐渐意识到了环境保护的紧迫性和彼此之间团结和合作的重要性，人类踏上了自救的旅程。本系列作品深入剖析了《琼魄之汐》世界观的构建逻辑，精心提炼设计要素，并进一步探索了人类与服装之间复杂而微妙的关系。通过这一系列的探讨，旨在考察人与世界如何实现共生平衡，为本系列作品创作提供坚实的理论基础与指导（图5-27）。

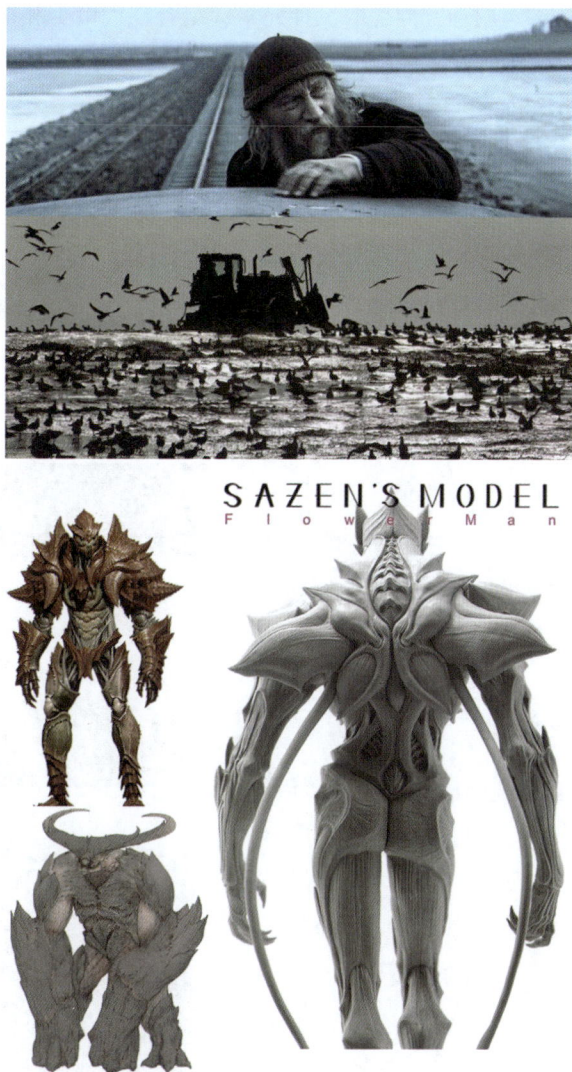

图5-27 《潮汐之寂》系列服装——灵感板

---

❶ 本案例作品作者为欧泽锐。

二、设计过程

本系列设计过程是一个融合了创意构思、深入调研、技术实践与文化反思的综合性创作之旅。设计灵感源自《琼魂之汐》这一科幻故事中描绘的未来世界，其独特的生态观、人类生存状态及服饰文化成为设计的核心驱动力。通过广泛阅读相关科幻文学作品，观看未来主义电影，收集关于环境变迁、生物变异及未来服饰趋势的资料，为设计提供丰富的素材与视角。基于《琼魂之汐》的设定，进一步细化未来世界的环境特征、社会结构、文化风貌等，确保设计的连贯性和深度。从故事中的服饰风格、材质选择、色彩运用等方面提取设计元素，结合现代审美和技术可行性，进行创新与融合。根据设计需求，探索新型面料、可持续材料的应用，以及数字化服装设计与制造技术，如CLO 3D的应用，实现设计的未来感与实用性。在设计过程中，始终贯穿人与环境和谐共生的理念，思考如何通过服装设计促进环保意识的提升，反映对未来人类生存状态的深刻关怀。每件作品都力求讲述一个关于适应、抵抗或希望的故事，通过服装的语言，传递对《琼魂之汐》世界观的理解与再创造（图5-28）。

1. 面料、色彩及工艺分析

高科技面料，如合成纤维、发光材料和智能纤维，能为服装带来未来感；发光元素如3M反光面料增添了服装的科技感。

黑灰色系是科幻服装常用的色调，能够营造未来感和神秘感，常搭配金属色或发光元素，进一步增强服装的科技感。

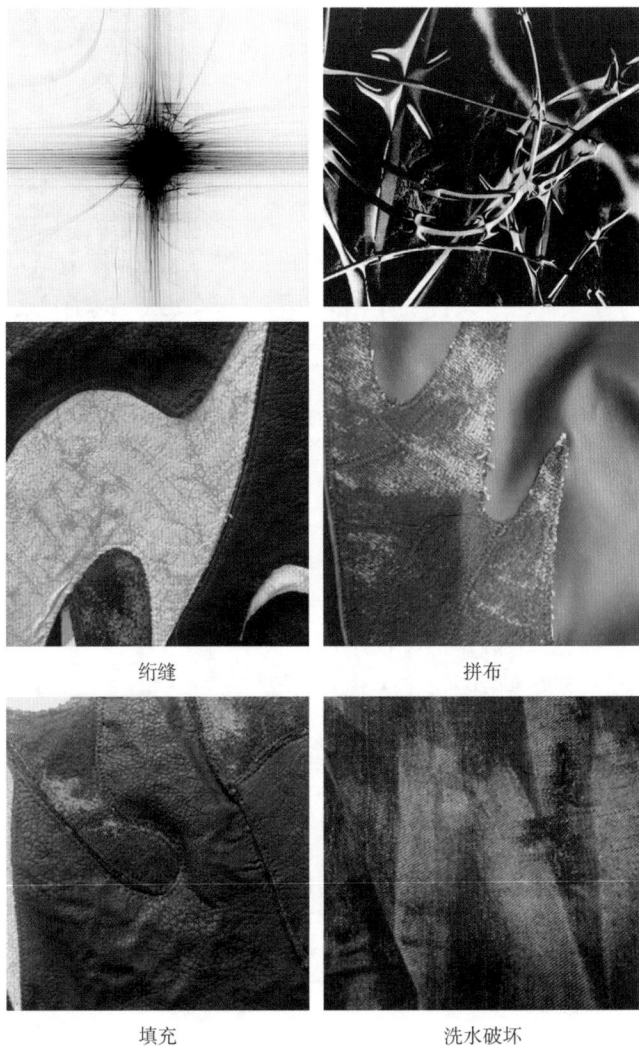

绗缝　　　　　　拼布

填充　　　　　　洗水破坏

图5-28 《潮汐之寂》系列服装——面料、色彩及工艺分析

2. 服装廓型提取

基于环境发生巨变的世界观内进行设计，在廓型上进行夸张，包括外骨骼的设计，加上一些机械感的装置类结构呼应变异气候。不同环境的状态下，人们的衣物也会发生改变（图5-29）。

图5-29 《潮汐之寂》系列服装——廓型提取

3. 服装设计效果图

服装设计效果图如图5-30所示。

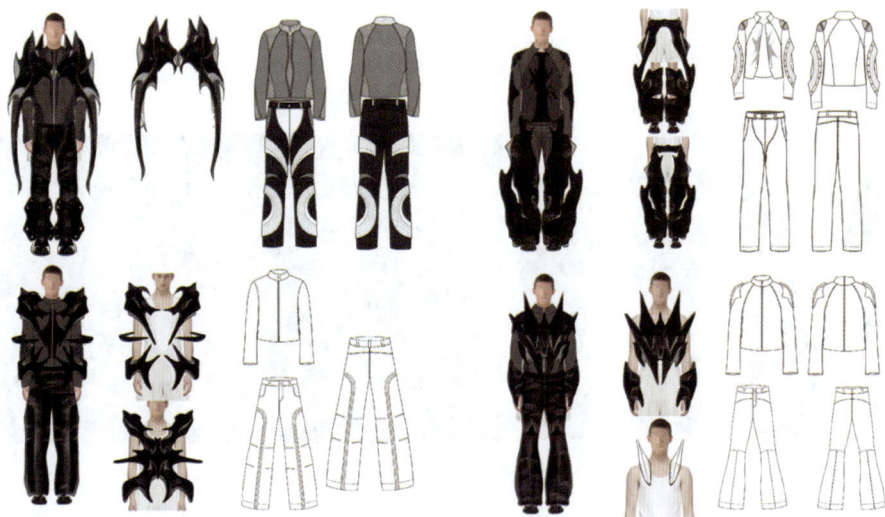

图5-30 《潮汐之寂》系列服装——设计效果图

三、服装制作过程

服装制作过程如图5-31所示。

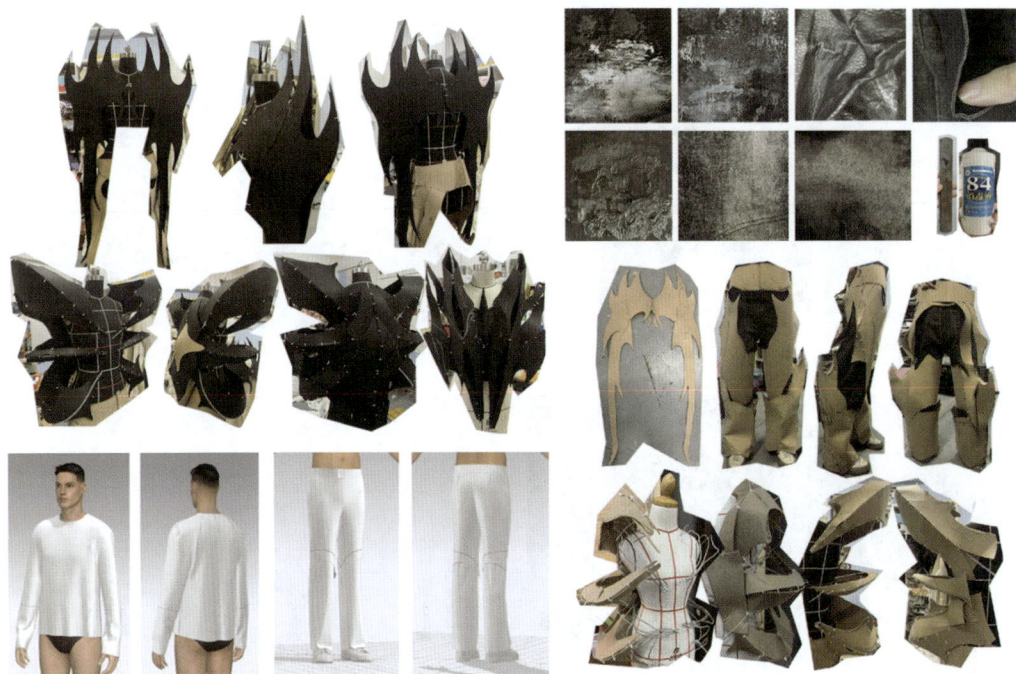

图5-31 《潮汐之寂》系列服装——制作过程

四、服装成品展示

服装成品展示如图5-32所示。

图5-32 《潮汐之寂》系列服装——成品展示

案例五　设计主题《丹宁·醒狮》❶

一、设计理念

本系列灵感来源于中国传统文化中的醒狮元素。如今，非遗文化越来越受到重视，其与现代时尚的结合也成为一种趋势。岭南非遗是中国非物质文化遗产的重要组成部分，其中醒狮作为其代表性项目，具有深远的历史底蕴和独特的艺术魅力。设计理念是将中国传统的醒狮形象与现代丹宁面料进行结合，这种结合打破了传统与现代的界限，展示出了独特的时尚风格，丹宁面料具有粗犷、自然的特性，与醒狮的阳刚、坚韧的形象相得益彰，同时这种结合也是对中国传统的尊重与创新，使服装更具有时代感和个性化（图5-33）。

图5-33　《丹宁·醒狮》系列服装——灵感板

❶ 本案例作品作者为欧碧蓝。

二、服装设计过程

1. 服装风格廓型分析

服装的风格廓型非常多样化，O型、A型、H型等，大廓型给人的感觉非常舒适与自由，同时款式的不对称设计为这一系列服装增添了新奇与个性，使其更加时尚。通过不规则的线条和剪裁，不对称的款式设计能够打破传统的平衡感，营造出独具特色的视觉效果（图5-34）。

图5-34 《丹宁·醒狮》系列服装——廓型分析

2. 面料色彩及工艺分析

该系列服装选择质地坚韧、纹理粗犷的丹宁面料，以突出其自然质感和复古风格。同时，丹宁材料环保可持续，符合当下时尚潮流和消费者需求。在工艺上运用了的四种工艺，分别是洗水工艺、毛边工艺、拼接工艺和破坏工艺，这些工艺都是牛仔面料制作过程中重要的环节，每种工艺都有其独特的特点和效果，对于最终的牛仔服装外观和质地都有很大的影响。色彩搭配上，本系列服装运用了深浅不一的蓝色作为服装的配色，同时考虑丹宁经过洗涤后的复古色调，进行巧妙的色彩搭配，突出了丹宁的独特魅力（图5-35）。

3. 草图设计

本系列服装一共有五套，在服装基础轮廓的绘制中，注重服装的层次感和节奏感。通过长款、中款和短款的设计，使整体服装系列呈现出丰富的层次变化。同时，注重轮廓线条的流畅和自然，使服装更加贴合人体。在细节设计上，将醒狮的元素巧妙地融入其中。例如，在服装的胸口、下摆等部位，添加醒狮图案，通过堆叠拼接的手法使图案呈现出立体效果，以增强服装的主题感和独特性。这一系列服装主要针对追求个性、热爱时尚的年轻人，因此，丹宁·醒狮系列服装具有强烈的创意和个性化（图5-36）。

图5-35　《丹宁·醒狮》系列服装——面料工艺分析

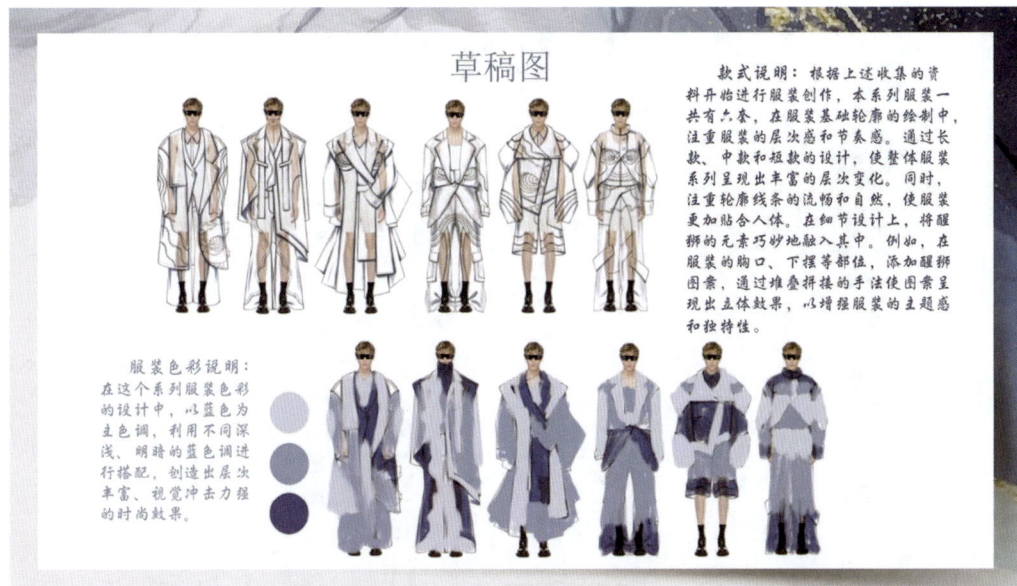

图5-36　《丹宁·醒狮》系列服装——草图设计

4. 服装设计效果图

线稿画好后开始着色和渲染，使用不同的蓝色为服装效果图着色，使效果更加生动和具有层次感，并使用不同的笔触和颜色深浅来表现服装的纹理和质感（图5-37）。

图5-37 《丹宁·醒狮》系列服装——设计效果图

5. 款式图

款式图如图5-38所示。

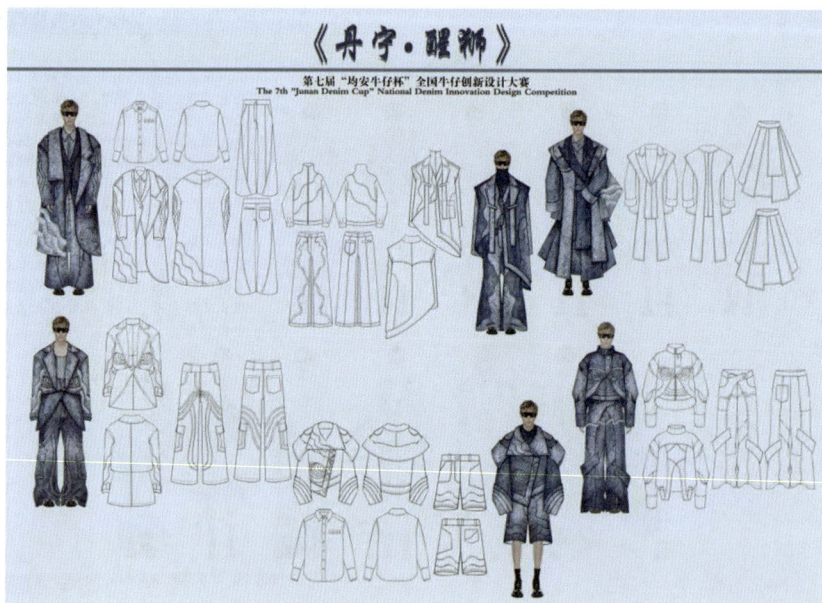

图5-38 《丹宁·醒狮》系列服装——款式图

三、部分成衣效果图

部分成衣效果图如图5-39所示。

图5-39　《丹宁·醒狮》系列服装——成衣效果图

案例六　设计主题《热血·穿行最西北》❶

一、灵感来源

此系列服装以徒步旅行中的自然风景为设计灵感，旨在传达对自由徒步运动的向往。设计上对传统冲锋衣款式进行了创新解构和重组，提升了服装的结构和谐度。通过抽象化的风景元素和面料处理，展现了中国西北地区的独特自然风貌和艺术魅力。同时，设计注重结合徒步运动的实际需求，力求在服装结构、面料和色彩上实现创新，以区别于市面上常见的冲锋衣设计（图5-40）。

图5-40 《热血·穿行最西北》系列服装——效果图

二、设计过程

1. 冲锋衣廓型的创新与色彩提取

本系列主题颜色想要突出"穿越沙丘，寻找那一抹属于自己的绿洲"的主题，因此在服装上做了一个由在荒漠上提取到的黄色与铜绿色的湖水的渐变，由此突出从沙丘到绿洲的过渡感，呼应主题。冲锋衣的创新设计遵循人体工学原理，注重细节，如

---

❶ 此案例作品作者为黄晓彤。

肩部和肘部的缝线优化，以提高穿着舒适度和减少运动阻力。款式上，该系列冲锋衣进行了新的解构尝试，突破传统设计，背部设计细致，采用可拆卸式设计，便于清洗和保养（图5-41）。

图5-41 《热血·穿行最西北》系列服装——创作过程

2. 图案和色彩的设计

冲锋衣的廓型和图案与所使用的部位有着千丝万缕的联系，共同决定了视觉美感。因此使用抽象处理过的祖国美好河山景象图及地图等图案运用在冲锋衣服装上，可以突出服装的亮点。将图案放置在胸口、下摆和腰部的设计中，突出平衡的图案造型，抽象处理的图案可以作为装饰图案，领口的图案采用激光烧花设计结合了地图的特点，凸显出不同风格冲锋衣的创新设计（图5-42）。

冲锋衣的色彩运用具备功能性，其色彩搭配须综合考虑徒步运动者生理及心理层面的影响。色彩设计不仅影响运动者的情绪，还可能引发相应的生理反应。本系列服装的色彩灵感源自西北徒步路线的自然景观，展现出从荒漠至沙丘，最质朴的地理特征。自然色彩的治愈效果反映了徒步者对户外活动、旅行及探险的热爱。荒漠与绿洲色彩的交织映衬了探险心态，海湾绿与铜绿色传递了焕新活力与重启旅程的信心，留给人们深刻的第一印象，激发积极的心理暗示（图5-43）。

图5-42 《热血·穿行最西北》系列服装——图案应用

图5-43 《热血·穿行最西北》系列服装——色彩趋势

3. 制作工艺

冲锋衣是徒步运动者的重要装备，需满足防水、防寒、散热和防风保暖需求。常用的化纤面料如涤纶、锦纶、腈纶和氨纶，通过网布拼接帮助散热。制作工艺包括数码印花、激光烧花、局部烫画和面料复合拼接，以提高印染成功率和服装层次感。局部反光烫画增加时尚性和趣味性，而可拆卸兜帽和拼接材质提升实用性和舒适度。设计上注重功能性、实用性和时尚元素，以满足徒步运动者的需求。

　　本系列服装工艺以功能性、实用性为主，右侧向拉链是为解决徒步者单手解开拉链需求，穿脱一体的外套，增加外套的功能性，局部充绒的工艺为徒步者的冲锋衣保持轻便的同时又增加外套的保暖性。冲锋衣的兜帽采取可拆卸设计，也将一些传统兜帽转换为一些有趣的风帽，在提高实用性的同时增加设计感，该冲锋衣也加入拼接材质，增加冲锋衣关节处的柔软度和舒适性（图5-44）。

图5-44　《热血·穿行最西北》系列服装——工艺趋势

三、服装制作过程

　　成衣制作共涉及七个主要阶段。第一阶段为设计稿的确认工作，具体表现为系列成衣设计稿的确定（图5-45）。第二阶段为打板制图，依据款式图及成衣尺寸进行细致的制图作业，并在此过程中对板型进行必要的修正。第三阶段为制作前的准备工作，此阶段要求对包括面料、辅料及缝纫在内的各项材料有深入的了解和掌握，进而执行面辅料的采购及整理，以及材料的缝纫与加工。第四阶段为剪裁工艺，关键在于按照排料及划样要求，准确裁剪出成衣所需的衣片。第五阶段为缝纫及烫画工艺，将各衣片经过烫画处理后，依照确切的服装款式进行缝合，以形成最终的成衣。第六阶段为熨烫工艺，成衣制作完成后需进行熨烫处理。最后阶段为成衣品质控制，在整个加工过程中对服装质量进行严格检查，以确保成衣符合既定的质量标准。

图5-45 《热血·穿行最西北》系列服装——款式图

四、服装成品展示

服装成品展示如图5-46所示。

图5-46 《热血·穿行最西北》系列服装——成衣展示

小结

　　本章通过六个精心挑选的创意服装设计案例，展示了不同设计师在各自设计主题下的独特创意与设计巧思。每个案例都以其鲜明的主题、深刻的文化内涵以及创新的设计理念呈现了一场视觉与思维的盛宴。通过本章的案例分析，帮助学生回顾了创意服装设计的全过程，激发学生的创意灵感，为未来的设计工作提供参考。

课后作业

　　1.通过本课程的探索，围绕选定的项目主题开展你的创意服装设计，以实践所学知识。

　　2.用调研手册记录整个项目的实践过程，为你的创意服装设计留下探索的痕迹。

参考文献

[1] 于国瑞.服装设计思维训练[M].北京：清华大学出版社，2018.

[2] 考夫曼，格雷瓜尔.异想天开：极富创造力的人做的10件与众不同的事[M].黄珏萍，译.北京：中信出版集团，2016.

[3] 蒋里，乌伯尼克尔，等.创新思维：斯坦福设计思维方法与工具[M].北京：人民邮电出版社，2022.

[4] 韩兰，张渺.服装创意设计[M].北京：中国纺织出版社，2015.

[5] 方雄伟.创意漫谈[M].杭州：浙江工商大学出版社，2015.

[6] 王鹤.文化创意与品牌推广[M].北京：北京理工大学出版社，2022.

[7] 奥斯本.可复制的创造力[M].靳婷婷，译.沈阳：辽宁人民出版社，2023.

[8] 汪欣，陈文静，彭琬琰.创意思维训练[M].北京：北京理工大学出版社，2022.

[9] 希佛瑞特.时装设计元素：调研与设计[M].袁燕，肖红，译.北京：中国纺织出版社，2018.

[10] 唐甜甜，龚瑜璋，杨妍.服装结构设计与应用[M].北京：化学工业出版社，2021.

[11] 岳满，陈丁丁，李正.服装款式创意设计[M].北京：化学工业出版社，2021.

[12] 杨妍，唐甜甜，吴艳.服装立体裁剪与设计[M].北京：化学工业出版社，2021.

[13] 哈利特，约翰斯顿.高级服装设计与面料[M].上海：东华大学出版社，2016.

[14] 凌雅丽.创意服装设计[M].上海：人民美术出版社，2015.

[15] 郭静.刺绣艺术在服装设计中的运用研究[J].染整技术，2023，45（8）：72–74.

[16] 江建明.刺绣艺术在服装设计中的运用分析[J].西部皮革，2024，46（17）：107–109.

[17] 刘青.羊毛毡工艺手法在服装面料再造中的应用研究[D].深圳：深圳大学，2019.